Stefan Pfeifer
Die Trojanische Verkaufsstrategie

Stefan Pfeifer

Die Trojanische Verkaufsstrategie

Mit List zum Abschluss

Bibliografische Information der Deutschen Nationalbibliothek

Die Deutsche Nationalbibliothek verzeichnet diese Publikation in
der Deutschen Nationalbibliografie; detaillierte bibliografische
Daten sind im Internet über http://dnb.d-nb.de abrufbar.

ISBN 978-3-89749-730-6

Lektorat: Dr. Sonja Klug, www.buchbetreuung-klug.com
Umschlaggestaltung: +malsy Kommunikation und Gestaltung, Willich
Satz und Layout: Das Herstellungsbüro, www.buch-herstellungsbuero.de
Druck und Bindung: Aalexx Druck, Großburgwedel

www.gabal-verlag.de
www.gabal-shop.de
www.gabal-ist-ueberall.de

Inhalt

Ich danke Jörg dafür,
dass er mir den Rücken freigehalten hat!

Außerdem lieben Dank an Uwe
für den Einsatz und die Hilfe!

Und natürlich auch ein herzliches Dankeschön an Sie,
liebe Leserin, lieber Leser, für Ihr Vertrauen!

»Der Mensch kennt alle Dinge der Erde,
aber den Menschen kennt er nicht.«
(ALBERT BITZIUS, SCHWEIZER ERZÄHLER)

Vorwort

Liebe Leserin, lieber Leser,
liebe im Verkauf tätige Damen und Herren,

in diesem Buch präsentiere ich Ihnen eine Verkaufsstrategie auf Basis neuester verkaufspsychologischer Erkenntnisse, die Ihnen helfen soll, Ihre Abschlussquote im Bereich der Erstabschlüsse – also der Neukundengewinnung – erheblich zu verbessern.

Als Verkäufer wissen Sie, dass es manchmal schwierig ist, einen Termin zu bekommen. Viele Verkäufer verbringen mehr Zeit mit der Akquise, als sie für die eigentlichen Verkaufsgespräche verwenden. Wenn der unermüdliche Einsatz dann endlich erfolgreich war und Sie sich einen Termin bei einem potenziellen Käufer erarbeitet haben, beginnen die Verkaufsbemühungen. Auch die sind nicht immer von Erfolg gekrönt. Ohne ein klares Konzept und ein sich daraus ergebendes strukturiertes Vorgehen sind Fehler vorprogrammiert. Das führt dann häufig nicht zum Abschluss, sondern dazu, von vorne beginnen zu müssen. Sisyphos lässt grüßen! Deshalb ist es so wichtig, mit einem funktionierenden Verkaufskonzept zu arbeiten.

Mehr Erfolg bei der Neukundengewinnung

Damit sich der Akquisitionsaufwand lohnt, muss er in einer vertretbaren Relation zur Abschlussquote stehen. Genau darum geht es bei der Anwendung der Trojanischen Verkaufsstrategie. Es ist eine Strategie, welche den Erfolg bei der Neukundengewinnung verbessert.

Dies wird mit einer strukturierten Vorgehensweise und durch die Kontrolle und Steuerung des Geschehens während der Verkaufsbemühung erreicht. Jede Steigerung der Abschlussquote senkt das Frustpotenzial und reduziert die Akquisebemühungen.

Die Verkaufs-
situation steuern
Ich versuche, Ihnen einen Einblick in das Denken und Handeln von Käufern zu vermitteln. Zu wissen, was passiert und warum das so ist, versetzt Sie in die Lage, die Verkaufssituation zu jedem Zeitpunkt kontrollieren und lenken zu können.

Dieses Buch ist genau das Richtige für Sie,

- wenn es Sie interessiert zu erfahren, was Ihr potenzieller Kunde während des Verkaufsvorganges denkt und fühlt,
- wenn Sie auf der Suche sind nach einer klaren Anleitung, wie Sie dieses Denken und Fühlen für Ihren Abschluss nutzen können,
- wenn Sie Klarheit darüber wollen, warum ein Interessent, obwohl scheinbar alles bestens gepasst hat, doch nicht Ihr Kunde geworden ist, und
- wenn Sie ein höheres Bewusstsein für Ihre Tätigkeit als Verkäufer entwickeln möchten.

In einem Punkt bin ich mir sicher: Mit dem hier präsentierten Wissen können Sie Ihren Erfolg beim Verkauf Ihrer Produkte und Ihrer Dienstleistungen steigern.

Die Basis des Systems stammt wie so viele Verkaufstechniken aus den USA. Dort beschäftigen sich Wissenschaftler, Strategen und Verkäufer seit Jahren mit der Optimierung von Verkaufsvorgängen. Das hat dazu geführt, dass eine große Anzahl von erfolgreichen Vertriebsideen – wie beispielsweise Strukturvertrieb, Tupperwarepartys, Telefonverkauf und Internetvertriebsplattformen von *Amazon* bis *Ebay* – von dort zu uns gekommen ist. Auch Konzepte, die die Nutzung der Transaktionsanalyse oder das Neurolinguistische Programmieren zur Verbesserung von Verkaufsvorgängen einschließen, wurden zuerst in den Staaten entwickelt und erfolgreich umgesetzt.

Stellen Sie sich vor, Sie wären der griechische Feldherr Agamemnon und wollten die unbesiegte Stadt Troja einnehmen. Troja steht in diesem Fall für den »zu besiegenden« Kunden. Einnehmen bedeutet, den Vertragsabschluss erreichen. Der unermüdliche Ansturm gegen die hohen Mauern der Stadt ist Sinnbild Ihrer täglichen Bemühungen um neue Kunden und Abschlüsse. Wobei die hohen Mauern mit der Abwehrhaltung Ihrer Zielpersonen gegen einen Termin und auch gegen einen Vertragsabschluss gleichzusetzen sind.

Troja einnehmen

Damit Sie Ihren Kampf schneller und leichter gewinnen können, zeige ich Ihnen im ersten Teil dieses Buches auf, wie sich der Kunde in seiner Beziehung zu Ihnen psychologisch gesehen verhält und warum das so ist. Danach können Sie sich ein klares Bild der Lage machen.

Erster Teil des Buches

Im zweiten Teil gebe ich Ihnen eine genaue Beschreibung für den Bau des »Trojanischen Pferdes«, damit Sie Ihre Soldaten (Ressourcen) und Kräfte schonen und einfacher hinter die Mauern der Abwehrhaltung Ihrer potenziellen Kunden gelangen können. Es handelt sich um ein nachweislich erfolgreiches Verkaufskonzept, das Ihnen einen klaren Weg von der ersten Kontaktaufnahme bis zum Abschluss zeigt.

Zweiter Teil

Ich nenne Ihnen zu den einzelnen Schritten Beispiele aus meiner praktischen Erfahrung, um Ihnen die Vorgehensweise deutlich zu machen. Sie sollen als Anregungen dienen, die Sie natürlich Ihren speziellen Anforderungen anpassen müssen.

Nur in die Stadt zu gelangen reicht für den Abschluss noch nicht aus, deshalb versorge ich Sie dann im dritten und letzten Teil mit den neuesten Waffen in Form von psychologischen Kniffen und Erkenntnissen, die Ihnen helfen, Ihren Kunden »zu besiegen«, soll heißen: den Abschluss zu realisieren.

Dritter Teil

Manche wichtige psychologische Grundhaltung beleuchte ich aus verschiedenen Blickwinkeln. Das sieht dann erst einmal nach einer Wiederholung eines bereits erläuterten Sachverhaltes aus, ist aber der Versuch, die Zusammenhänge in einem anderen Kontext zu verdeutlichen und sie dadurch besser verständlich zu machen.

Die Leserinnen dieses Buches bitte ich um Verständnis dafür, dass ich mich aus Gründen der Lesbarkeit grammatikalisch auf die männliche Form beschränkt habe. Selbstverständlich ist auch die Verkäuferin oder die Kundin gemeint, wenn ich von Verkäufern und Kunden spreche.

Noch ein kleines Versprechen: Egal wie lange Sie schon verkaufen und wie gut Sie darin sind, irgendetwas Neues und Verwendbares werden Sie auf jeden Fall finden!

Ich wünsche Ihnen viel Spaß beim Lesen und beim Entdecken neuer Einsichten und Erkenntnisse.

Ihr Stefan Pfeifer

ERSTER TEIL

Wie sich der Kunde verhält

Einführung

Das in diesem Buch vorgestellte Konzept hat sich in einer der schwierigsten Branchen, die es gibt, bewährt: der Finanzdienstleistung. Mit einer durchschnittlich 70-prozentigen Quote haben wir es geschafft, persönliche Daten, Originalunterlagen und einen Einblick in die Lebensplanung von uns völlig fremden Personen zu bekommen. Die gleiche Quote wurde bei den anschließenden Verkaufsbemühungen erzielt.

Von zehn Kunden, die ein Finanzdienstleistungsbüro betraten, um beraten zu werden, hatten wahrscheinlich alle die Idee, sich das Ganze erst einmal anzuhören, dann nachzudenken und sich gegebenenfalls zu einem späteren Zeitpunkt dafür oder dagegen zu entscheiden. Ich gehe davon aus, keine dieser Personen hatte vor, sofort nach dem Gespräch einen Vertrag zu unterschreiben und damit eine nicht unerhebliche finanzielle Verpflichtung einzugehen. Sieben von zehn haben es trotzdem getan – am selben Abend! Keiner von ihnen kannte vorher die Firma oder den Berater. Die Quote bezieht sich ausschließlich auf Abschlüsse mit Neukunden, die nicht auf Empfehlung kamen!

Erfolge in der Finanzdienstleistungsbranche

Ich zeige Ihnen einen klaren, nachvollziehbaren Weg von der Planung der Akquise bis zur Eroberung eines neuen Kunden. Sie erhalten die Anleitung für ein strukturiertes und effektives Vorgehen.

Wenn Sie zurzeit noch über kein Neukundengenerierungskonzept verfügen oder mit den Ergebnissen Ihrer jetzigen Vorgehensweise nicht ganz zufrieden sind, sollten Sie es einfach probieren. Getreu dem Motto: Versuch macht klug. Das Gesamtkonzept ist nachvollziehbar und hat eine in sich geschlossene Logik. Nachdem Sie das Buch gelesen haben, können Sie entscheiden, ob die Trojanische Verkaufsstrategie zu Ihnen passt oder ob Sie nur ein paar der besten Tricks bei Ihren Verkaufsbemühungen verwenden wollen.

Wie Käufer funktionieren

Während all meiner Erklärungen versuche ich, Ihnen bewusst zu machen, wie Käufer aus verkaufspsychologischer Sicht funktionieren. Damit gebe ich Ihnen die Macht, Menschen zu manipulieren, Dinge zu tun, die sie eigentlich nicht wollten. Ich appelliere an Sie, diese Macht nur einzusetzen, um einem Interessenten einen Vorteil zu verschaffen, indem er Ihr Kunde wird.

Die Entstehung der Trojanischen Verkaufsstrategie

Sollten Sie mein Werdegang und die damit verbundene Geschichte der Entstehung der Trojanischen Verkaufsstrategie nicht interessieren, können Sie dieses Kapitel überspringen. Es ist für das Verständnis und die Anwendung nicht notwendig.

In meinem »ersten Leben« war ich im Export tätig, und zwar an der Front, also im Verkauf. Die Basis dieser Verkaufstätigkeit bildeten einige Fremdsprachen, die ich mir während längerer Auslandsaufenthalte angeeignet hatte, sowie die mir gegebene Fähigkeit, Kontakte zu knüpfen und zu festigen. Die Art des Verkaufes, die ich anwandte, bezeichne ich als *Social-Sale;* dabei kam es mehr auf die Fähigkeit an, Witze in einer fremden Sprache erzählen zu können, als darauf, Verkaufstechniken zu beherrschen. Allerdings wäre auch dafür ein Konzept für ein strategisches Vorgehen und etwas verkaufstechnisches Wissen sehr von Vorteil gewesen. Bei der Einarbeitung als »Exportleiter weltweit« erhielt ich ausschließlich Produktschulungen und durfte dann loslegen. Ich war damals für ca. 80 Prozent des Umsatzes verantwortlich. Im Vertrauen darauf, dass ich die notwendigen Fähigkeiten besitze, weil ich sie mir in den vorangegangenen Tätigkeiten angeeignet haben müsste, ließ man mich einfach machen.

In den ca. sechs Jahren, die ich als Verkäufer im Export für mehrere Firmen tätig war, habe ich nicht eine einzige Verkaufsschulung erhalten. Dieses Phänomen, den Verkaufserfolg dem Zufall zu überlassen, habe ich später auch bei den meisten Verkäufern, die ich als Verkaufstrainer schulte, festgestellt. Viele meiner Schüler hatten eine Ahnung von dem, was sie taten, einige sogar eine sehr gute, aber kaum jemand hatte eine Technik.

Keine Verkaufsschulungen

Insbesondere für Neulinge im Verkauf halte ich eine Verkaufsstrategie, die zu klarem Handeln mit den sich daraus ergebenden bewussten Erkenntnissen führt, für dringend notwendig. Durch das Herumstochern im Nebel der Unkenntnis baut sich Erfahrung nur sehr langsam auf, weil nur nach und nach klar wird, welcher Umstand zum Abschluss und welcher zum Scheitern führt.

Dabei werden viele potenzielle Verkaufskönner vorzeitig aussortiert, was sehr schade ist. Auch halte ich es für wirtschaftlichen Leichtsinn, in diesem für die meisten Firmen lebensnotwendigen Bereich so unstrukturiert vorzugehen.

Zurück zu meinem Werdegang und der Entstehung der Trojanischen Verkaufsstrategie. Das Leben im Hotel und aus dem Koffer war zwar sehr abwechslungsreich, doch auch der Reiz, Geschäfte im Ausland zu tätigen und dabei viel Neues erleben und kennen lernen zu können, verliert sich mit der Zeit, so dass ich mich auf die Suche nach einem neuen Betätigungsfeld begab.

Revolutionäre Verkaufstechnik Ein guter Freund aus Philadelphia, mit dem ich in Italien die Schule besucht hatte, erzählte mir während eines Telefonats von einer neuen, revolutionären Verkaufstechnik. Er wollte diese zur Neukundengewinnung in seiner Agentur nutzen. Sehr schnell erkannte ich die Logik und die intelligente Struktur in der Vorgehensweise. Es war der Beginn meiner Ausbildung im Bereich der Verkaufspsychologie.

Aus den USA zurückgekehrt, versuchte ich meine Kenntnisse in einer der härtesten Branchen in Deutschland, der Finanzdienstleistung, zu Geld zu machen. Schnell musste ich feststellen: Theorie alleine genügt nicht. Es hat einige Zeit gedauert, bis sich der Kreis schloss und ich mein Wissen durch die Erfahrung in der Praxis richtig anzuwenden lernte. Mein entscheidender Vorteil den Kollegen gegenüber, die zu Anfang wesentlich erfolgreicher waren: Ich hatte ein Konzept. Indem ich meine Fehler sofort erkannte, lernte ich schneller und effektiver. Denn ohne Richtschnur ist eine Abweichung vom Erfolgsweg nur schwer zu erkennen. Dieses in der Praxis erprobte Wissen war die Basis bei der Entwicklung der Trojanischen Verkaufsstrategie.

Was ist Verkaufen?

Zunächst möchte ich versuchen, den Begriff »Verkaufen« zu definieren:

- Eine Ware oder Dienstleistung zu empfehlen, zu zeigen, vorzuführen und dann darauf zu warten und zu hoffen, dass gekauft wird, bezeichne ich als *Anbieten.*
- Jemanden dazu zu bringen, eine positive Entscheidung zu der angebotenen Ware oder Dienstleistung zu treffen und dafür zu sorgen, dass er sein Geld dafür hergibt, bezeichne ich als *Verkaufen.*

Manipulation

Aktives Verkaufen hat sehr oft etwas mit Manipulation zu tun. Ob im Direktverkauf oder mittels Werbung über die Medien, spielt dabei keine Rolle. Ein sehr prägnantes Beispiel ist der Verkauf von Zigaretten. Im Geschmack sind sich Zigaretten sehr ähnlich. In einem großen Test, bei dem Raucher ihre Marke aus sieben verschiedenen Zigaretten am Geschmack erkennen sollten, schaffte das nur einer von zehn Kandidaten, was als statistischer Glückstreffer gewertet werden kann. Auch im Aussehen unterscheiden sich Zigaretten kaum. Im Preis hingegen gibt es große Unterschiede. Markenzigaretten sind fast doppelt so teuer wie No-Name-Produkte. Und dabei geht es nicht um ein paar Euro Unterschied pro Päckchen, sondern um mehrere hundert Euro im Jahr. Trotzdem bleibt die Mehrzahl der mir bekannten Raucher ihrer Marke treu. Oft lehnen Raucher sogar Zigaretten ab, die ihnen angeboten werden, weil nicht der richtige Name auf dem Päckchen steht. Unschwer kann man erkennen, dass es sich um perfekte Manipulation handelt.

Zigarettenverkauf

Hätte die Firma *Phillip Morris* auf Werbung, sprich Manipulation, verzichtet, wäre *Marlboro* ein No-Name geblieben. Wer würde dann dafür den doppelten Preis bezahlen? Die geschickte Manipulation durch Werbung hat dazu geführt, dass die Marke *Marlboro* jahrelang die meistverkaufte Zigarette der Welt war.

Die Firma *Henkel* produziert die Waschmittel *Spee, Weißer Riese* und *Persil*, die zu sehr verschiedenen Preisen angeboten werden. Der Unterschied zwischen dem günstigsten und dem teuersten Produkt beträgt fast 100 Prozent. Außer in der Parfümierung und der unterschiedlichen Färbung der Körnchen lässt sich weder beim genauen Betrachten noch beim Waschen ein Unterschied feststellen, der einen solch immensen Preisunterschied rechtfertigen würde. Und dass *Henkel*, nachdem die Entwicklungsabteilung für Waschmittel ein Spitzenprodukt entwickelt hat, anschließend daran arbeitet, die anderen Pulver absichtlich schlechter zu produzieren, nur um einen viel niedrigeren Preis zu rechtfertigen, kann ich mir nicht vorstellen. Der weiterhin große Verkaufserfolg von *Persil* kann deshalb nur auf die jahrelange Manipulation der Verbraucher mittels Werbung zurückgeführt werden.

**Wer erfolgreich verkaufen will, muss wissen,
wie perfekt manipuliert wird!**

Was bedeutet aktives Verkaufen und wie ist es zu bewerkstelligen? Wie komme ich zu meinem potenziellen Kunden und wie stelle ich es an, seine Unterschrift unter den Vertrag zu bekommen?

Es beginnt mit dem Neukunden

Es gibt verschiedene Arten des Verkaufes. Der Verkauf über Tupperware-Partys und im Bekanntenkreis unterscheidet sich vom Verkauf an eine Person, zu der vorher keine Beziehung bestand. Im Bereich von *Social-Sales* beispielsweise kommt es hauptsächlich auf die Stärke der zwischenmenschlichen Bindung zum Kunden an und darauf, wie man diese knüpft und erhält. Dies ist auch einer der Hauptfaktoren beim Verkaufen an bestehende Kunden. Eines ist unstrittig: Es erfordert weit weniger Energie, Abschlüsse mit bestehenden Kunden zu realisieren als mit einem Neukunden, der auch erst einmal gefunden werden muss. Ich empfehle Ihnen, sich mit diesem wichtigen Thema zu beschäftigen. Es gibt dazu gute Bücher und Systeme.

Doch am Anfang steht der Neukunde – ein Kaltkontakt, der uns manchmal freudig, manchmal neutral und manchmal ablehnend entgegentritt. Dem potenziellen Kunden, den ich auch »Interessenten« nenne, selbst wenn er manchmal gar nicht viel Interesse zeigt, zumindest nicht am Anfang, diesem Interessenten etwas zu verkaufen kann mit der Trojanischen Verkaufsstrategie erreicht werden. Und zwar im Einklang mit seinen Gefühlen und notfalls gegen seinen Entschluss, erst einmal nur Informationen zu sammeln und dann alles zu überdenken oder zu überschlafen. **Der Neukunde**

Die Trojanische Verkaufsstrategie eignet sich zur Eroberung neuer Kunden. Wir drehen unseren Interessenten einmal auf links, zumindest psychologisch gesehen, und tätigen dann unseren Verkauf. Auf dem klar strukturierten Weg vom Interessenten zum Kunden werden Ihnen einige Probanden »fliegen« gehen. Bei anderen wird Ihnen der Abschluss gelingen. Ihr Vorteil liegt aber in jedem Fall in einer effektiveren Vorgehensweise und im schnelleren Erkennen von potenziellen Nichtkunden. Wie viel Zeit ließe sich gewinnbringender nutzen, wenn alle Nichtkunden mit der typischen Aussage *»Das hört sich äußerst interessant an, ich überlege es mir und melde mich dann bei Ihnen«* entweder aussortiert oder zur Unterschrift gebracht werden könnten? Wie viel Energie ließe sich sparen, wenn der Verkäufer den für ihn schlimmsten aller Sätze *»Das muss ich mir noch mal überlegen!«* nicht mehr hören müsste?

Trojanisch verkaufen statt Closing

Die Trojanische Verkaufsstrategie kommt ohne Closing aus. Bei den meisten der closing-orientierten Systeme verlagert sich der Verkaufsdruck geballt in die Endphase des Gesprächs. Der dann aufkommende psychische Druck erzeugt einen natürlichen Widerstand gegen diese Bemühungen. Das führt nicht nur zu erheblichen Anstrengungen

für den Verkäufer, sondern sorgt auch dafür, dass der potenzielle Kunde sich unwohl fühlt.

Ist der Verkäufer stark und schafft es, die Unterschrift unter die Bestellung oder den Vertrag zu bekommen, fördert das schlechte Gefühl des Kunden während der Abschlussphase einen Rücktritt oder ein Storno. Oder dem Interessenten sind die Abschlusstechniken sowieso schon bekannt, und man bemerkt das erst, wenn es schon zu spät ist.

Bei der Trojanischen Verkaufsstrategie gehen wir anders vor: Wir wenden unsere Tricks innerhalb des Verkaufsprozesses zu Zeitpunkten an, während denen der potenzielle Kunde sie nicht kennt und auch nicht vermutet. Damit umspielen wir geschickt seine Abwehrtaktiken dagegen, etwas verkauft zu bekommen. Außerdem ist sein Widerstand bei der Anwendung der Trojanischen Verkaufsstrategie wesentlich geringer, da sich der Verkaufsdruck auf das gesamte Gespräch verteilt.

Das Kunststück, eine Entscheidung herbeizuführen, bestenfalls zum Kauf des Produktes oder der Dienstleistung, das meine ich, wenn ich im Folgenden von »Verkaufen« spreche!

Verkaufen ist erlernbar!

Frust wegen fehlender Verkaufskonzepte

Verkaufen ist eine Kunst, die erlernbar ist. Seltsamerweise wird beim Verkaufen mehr improvisiert als strukturiert gelernt und ausgeführt. Obwohl es nachweislich funktionierende Konzepte gibt, sieht die Realität meist so aus, dass neue Mitarbeiter im Verkauf nur Produktschulungen erhalten und ihnen selten ein klarer Weg zum Kunden, geschweige denn eine genaue Anleitung zum richtigen Verhalten und für erfolgreiches Verkaufen, vermittelt wird.

Mit Glück wird die »neue Frau« oder der »neue Mann« noch ordentlich motiviert und dann geht es ab zum Kunden. Dort fängt man sich auf diese Art und Weise ordentlich Frust ein. Es wird eine unglaubliche Menge an Energie vergeudet, aber leider nur wenig verkauft.

Noch schlimmer ist es, wenn diese Energie nicht bei vergeblichen Verkaufsbemühungen vergeudet wird, sondern schon bei dem Versuch, überhaupt erst zum Kunden zu gelangen, sprich: einen Termin zu vereinbaren. Schlimmstenfalls sitzt der hoch motivierte Verkäufer dabei allein vor einem Telefon und kämpft gegen seine Angst. Den »tonnenschweren« Telefonhörer in der Hand legt er erleichtert wieder auf, weil sich am anderen Ende der Leitung niemand gemeldet hat oder ein erlösendes Besetztzeichen zu hören war. In einem solchen Fall hängt der Erfolg nicht von der Qualität des Produktes oder der Dienstleistung ab, auch nicht vom Können des Verkäufers, sondern erst einmal davon, wie viel Frust er ertragen kann.

Für die meisten Tätigkeiten vom Bäcker bis zum Entwicklungsingenieur wird durch zum Teil jahrelange Ausbildung versucht, einen hohen Standard bei der Ausführung sicherzustellen. Bevor man überhaupt ohne Aufsicht einen Beruf ausüben darf, muss man eine Prüfung ablegen. Warum werden Verkäufer ohne solche Ausbildungen und ohne Prüfungen auf die Kunden losgelassen?

Vielleicht ist das der Grund für das schlechte Image des Verkäuferberufs. Warum sonst schämen sich viele Verkäufer für ihren Job? Warum gibt es so viele »Repräsentanten« und »Berater«, aber so wenig »Verkäufer«? Wahrscheinlich liegt es daran, dass Verkaufen bei uns eigentlich gar keine richtige Tätigkeit ist, eben weil sie ohne Ausbildung, ohne Prüfung und meist ohne ein Konzept ausgeübt wird.

Verkaufen ohne Ausbildung und Konzept

Selbst ein Ingenieur als Verkäufer – Entschuldigung, natürlich als Berater – versteht vielleicht sein Produkt aus dem Effeff, er hat dafür schließlich ein paar Jahre studiert, aber was weiß er vom Verkaufen? Und diese armen Menschen stehen sich dabei oft selbst im Weg. Verkaufen ist ein emotionaler Prozess, da hat es ein auf rationale Wege und Überlegungen geschulter Ingenieur außerordentlich schwer. Aber auch hier gilt: Die Kunst des Verkaufens ist erlernbar.

Wann ist ein Verkäufer ein Verkäufer und kein Berater? Die Unterscheidung zwischen Beratern und Verkäufern kann nach der

Berater oder Verkäufer? Art der Entlohnung oder der geforderten Leistung getroffen werden. Bemisst sich der Erfolg der Tätigkeit an der Menge der verkauften Produkte oder Dienstleistungen und bestimmt, direkt oder indirekt, auch das Einkommen, dann handelt es sich um eine Verkaufstätigkeit. Umgekehrt betrachtet, wenn ein »Berater« nur berät und nichts verkauft, deswegen aber ohne Einkommen dastehen würde oder seinen Job verlöre, dann ist er kein Berater, sondern ebenfalls ein Verkäufer, nur leider ein sehr schlechter.

Wenn Sie also als Verkäufer tätig sind, empfehle ich Ihnen dringend: Stehen Sie auch dazu. Wenn Sie das schlechte Image des Verkäufers übernehmen, blockiert das Ihre Leistungsfähigkeit in diesem Bereich und schränkt Ihre Entwicklungsmöglichkeiten dramatisch ein. Eine Tätigkeit, die man verleugnet oder, noch schlimmer, deren man sich schämt, sollte man nicht ausüben. Damit berauben Sie sich der Chance, wirklich erfolgreich zu werden.

Eine fernöstliche Weisheit besagt: Um Zufriedenheit und Freude am Tun zu erlangen, müssen sich Einstellung und Handeln im Einklang befinden. Und diese Freude kann Sie zu außergewöhnlichen Leistungen beflügeln. Wenn Sie, aus welchen Gründen auch immer, lange genug gegen sich selbst kämpfen, können Sie dadurch krank werden, und zwar richtig krank. Außerdem ist dies ein Kampf, den Sie nie gewinnen können. Entscheiden Sie sich dafür zu verkaufen, dann stehen Sie bitte auch dazu! In einem der späteren Kapitel gebe ich Ihnen noch eine genaue Anleitung, wie das geht.

Ich möchte noch einmal kurz auf den Sinn des Verkaufens eingehen. Stellen Sie sich vor, dass alles, was bei uns produziert oder zu uns importiert wird, nicht wieder verkauft werden würde. Oder denken Sie an das Heer der Arbeitslosen – vom Pförtner angefangen über die Arbeiter, die Entwicklungsingenieure bis hin zum Firmenchef –, das entsteht, wenn nichts verkauft wird. Aus diesem Grund hat der Verkäufer eine wichtige Funktion in unserem Wirtschaftssystem. Es ist schwer zu verstehen, woher das schlechte Image des Verkäufers kommt. Vielleicht liegt es tatsächlich an der unstrukturierten Vorgehensweise. Aber daran lässt sich ja etwas ändern.

Der Mensch, das emotionale Wesen

Die emotionale und die rationale Seite

Verkaufen wäre ganz einfach, wenn alle Tacheles reden würden und die Kaufentscheidung aus rationalen Gründen erfolgen würde. So ist es aber nicht. Menschen sind subjektiv und treffen ihre Entscheidungen zum größten Teil emotional. Häufig wird zu Gunsten des subjektiv Schöneren statt des Praktischeren oder Sicheren entschieden. Jedem sollte klar sein, dass die Teilnahme am Straßenverkehr nicht ganz ungefährlich ist, und man sollte sich dabei zumindest für maximale aktive und passive Sicherheit entscheiden. Dies könnte z.B. damit erreicht werden, dass man eine helle Autolackierung wählt, damit das Fahrzeug besser gesehen wird. Es wäre ein logisch nachvollziehbarer Vorteil für die passive Sicherheit. Aber wenn man sich die Realität auf den Straßen ansieht, stellt man fest, dass das Gegenteil der Fall ist: Statt weißer, gelber, roter oder hellgrüner Autos dominieren genau die Lackierungen, die am schlechtesten zu sehen sind, nämlich Schwarz, Anthrazit und Silber. Von einem neutralen, logischen Standpunkt aus betrachtet müsste man sagen: Die sind alle dumm. Sind sie aber nicht, sondern nur emotional. (Zu dieser Gruppe gehöre auch ich!)

Emotionale Kaufentscheidungen

Es gibt einen Typ Uhren, die ein spezielles Flair ohne besonderen Markennamen erreichen. Sie sind in Bezug auf Technik und Design wirklich nichts Besonderes und würden im großen Wust vergleichbarer Produkte untergehen. Allerdings haben sie ein außergewöhnliches Merkmal, welches diese Uhren wertvoller macht, als sie in Wirklichkeit sind: Auf dem Ziffernblatt ist eine Jahreszahl eingedruckt. Diese Jahreszahl erzeugt eine gewisse Exklusivität bei Männern, die in dem abgebildeten Jahr geboren wurden. Und sie übt ihren Zauber immer nur auf den entsprechenden Jahrgang aus. Das Gleiche trifft auf alten Armagnac zu,

der eigentlich etwas streng schmeckt, aber zum außergewöhnlichen Getränk wird, sobald er im Geburtsjahr produziert wurde.
Da solche Bewertungsgründe rational nicht zu erklären sind, lässt
sich daran der emotionale Einfluss erkennen.

**Unbewusste Kauf-
entscheidungen** Wissenschaftliche Untersuchungen belegen, dass etwa 70 Prozent
einer Entscheidung unbewusst getroffen werden. Jetzt könnte
man meinen, die restlichen 30 Prozent stellen rationales, über-
legtes, bewusstes Zutun dar. Aber auch hier zeigt sich, wie mittlerweile nachgewiesen wurde, dass das restliche Drittel stark
emotional geprägt ist, es erscheint uns nur bewusst. Trotz des
fast ausschließlich emotionalen Charakters jeder Entscheidung
glaubt man, meistens objektiv, sachlich und rational zu handeln.
Die Emotionalität entzieht sich dem Bewusstsein, sie wird nicht
wahrgenommen. Was bleibt, ist nur ein Gefühl, welches zur eigenen Wahrheit wird. Weil die emotional getroffene Entscheidung
im Nachhinein begründet wird, erscheint sie rational. Daraus lässt
sich ableiten:

> **Es ist sinnvoller, den emotionalen Zugang zu einem
> Kunden zu suchen, als ihn mit Fakten und Sachargumenten
> überzeugen zu wollen.**

Hätte Werbung keinen Einfluss, würde es sie nicht geben. Die
stark manipulative Wirkung von Werbung ist nicht nur hinrei-
chend bekannt, sondern mehrfach wissenschaftlich bewiesen.
Trotzdem glaubt die Mehrheit der Menschen, wegen der so of-
fensichtlichen Absicht, die hinter jeder Werbung steckt, sie hätte
nicht den geringsten Einfluss. Doch gerade weil die Wirkung gut
gemachter Werbung vom Individuum abgestritten wird, werden
weder geeignete Gegenmaßnahmen ergriffen noch Widerstand
geleistet. So kann sich die Botschaft im Unterbewusstsein ein-
nisten und unbemerkt ihren Einfluss auf das Verhalten ausüben.
Auch dieser Umstand zeigt, dass es möglich ist, das Verhalten von
Personen zu beeinflussen. Und dies geht umso einfacher, je stärker die betreffende Person überzeugt ist, dass es vielleicht bei anderen, aber niemals bei ihr funktioniert.

Jeder Mensch beurteilt Situationen und Informationen, indem er
sie mit seinen Lebenserfahrungen und seinem Wissen vergleicht.

Es findet ständig ein Abgleich mit allen vorhandenen bewussten und unbewussten Erfahrungen, Daten und Gefühlen statt. Da der Bezug bei jeder Person ein anderer ist, fällt die Beurteilung individuell und sehr unterschiedlich aus, was zu einer völlig anderen Sichtweise der gleichen Information führen kann.

Objektivität ist eine Illusion!

Wir sehen die Welt mit unseren Augen und nehmen fälschlich an, jeder andere sähe genau das Gleiche. Anzunehmen, der Kunde beurteile eine Sache genau wie wir, nur weil es uns objektiv erscheint, kann zu großen Missverständnissen führen. Auch die Annahme, etwas müsste klar sein, weil »alle« so denken, kann dazu beitragen, aneinander vorbeizureden. Erstens denken selten »alle« so – wir nehmen das nur an – und zweitens hängt es von der Informationsverarbeitung unseres Gesprächspartners ab, ob er uns versteht. Bei einem Denkvorgang werden diese bewussten und unbewussten Speicherungen und Gefühle, die sich aus erinnerten und konstruierten Eindrücken zusammensetzen, mit der Situation und den Dingen, über die nachgedacht wird, verglichen. Und die stimmen selten in allen Aspekten überein.

Andere Informationsverarbeitung

Wenn Sie sich an etwas erinnern, laufen die gleichen elektrochemischen Prozesse in Ihrem Gehirn ab, als wenn Sie etwas direkt erleben. Denken Sie einmal intensiv an Ihre Lieblingsspeise, das Aussehen, den Duft, die schöne Vorfreude auf den Genuss, wenn die erste Gabel in Ihrem Mund ankommt. Wenn Ihre Gedanken intensiv waren, ist Ihnen höchstwahrscheinlich das Wasser im Munde zusammengelaufen, auch wenn es weit und breit nichts zu essen gibt. Bei jemandem, der Ihre Lieblingsspeise nicht mag, hätte der gleiche Gedanke andere Gefühle und körperliche Reaktionen ausgelöst.

Würde ein Mensch alles wahrnehmen, alles aufnehmen und alles verarbeiten, was er an Informationen täglich, stündlich und minütlich bekommt, wäre er weder lebens- noch handlungsfähig. Versuchen Sie einmal, alle in diesem Moment hörbaren Geräusche bewusst wahrzunehmen. Gleichzeitig achten Sie bitte auf alle kör-

Nicht alles wahrnehmen

perlichen Empfindungen wie den Druck des Stuhls, auf dem Sie sitzen, den Ihrer Schuhe, des Gürtels am Bauch. Versuchen Sie, jedes Kleidungsstück an Ihrem Körper zu spüren und bei dem Telefonat, das Sie gerade führen, die Stimme, den Inhalt und die Atmung des Anrufers wahrzunehmen, gleichzeitig die Fliege auf Ihrem Schreibtisch sowie Ihre Kollegen zu beobachten ...

Es sind einige Millionen Informationen, die jede Sekunde von den Sinneszellen an das Gehirn übermittelt werden. Die Verarbeitungsgeschwindigkeit des Bewusstseins liegt aber nur bei maximal 50 Einzeldaten in der Sekunde. Aus diesem Grund haben wir Filter entwickelt, die nur die für uns wichtigen Informationen (subjektiv) bewusst machen. Wir reagieren nicht auf den Ruf eines Namens, außer es ist unser eigener. Wir überhören, wenn irgendjemand irgendetwas sagt, sind aber sofort aufmerksam, wenn es sich dabei um ein Interesse oder Hobby von uns handelt.

Durch Emotionen steuern

Häufiger Filter Diese Filter befinden sich in unserem Unterbewusstsein und steuern unser Denken und Handeln. Filter bedeutet Bewertung, ob etwas wichtig oder unwichtig, etwas aus unserer Sicht richtig oder falsch ist. Die subjektiven Programme, die uns steuern, entstehen durch das Aufnehmen von Informationen von Kindheit an. Je häufiger die gleiche Information abgespeichert und je emotionaler sie empfunden wird, desto stärker geht sie in unsere subjektive Wahrnehmung und Beurteilung der Welt ein. Einer dieser häufigen Filter ist der folgende: *»Vorsicht, dies ist ein Verkäufer, der will mir etwas verkaufen. Besser erst einmal in Opposition gehen, damit ich die Macht der Entscheidung behalte. Wer weiß, was der für Tricks drauf hat!«*

Wie schafft man es, die emotionale Steuerung eines potenziellen Kunden so zu lenken, dass eine grundsätzliche Akzeptanz entsteht, auf die der Verkäufer aufbauen kann? Unabhängig von der zu verkaufenden Dienstleistung oder den Produkten ist es notwendig, als Partner anerkannt zu werden, um einen Verkaufsprozess in Gang zu setzen.

Würden Sie sich in Finanzdingen von einer Person beraten lassen, die von Anfang an einen unehrlichen Eindruck auf Sie macht? Wahrscheinlich nicht, und zwar auch dann nicht, wenn dieser Verkäufer eines der besten Produkte anzubieten hätte. Wegen des schlechten Gefühls in Bezug auf die Integrität kommt es erst gar nicht zur Präsentation des Angebots. Nachdem der Finanzberater als nicht vertrauenswürdig eingestuft wurde – und dies kann innerhalb von Sekunden und nur aus einem Gefühl heraus ohne sachliche Gründe geschehen –, läuft im Inneren ein Film ab, der alle möglichen schlechten Dinge beinhaltet, die in Bezug auf unseriöse Finanzberatung gespeichert sind. Dagegen anzukommen ist unendlich schwierig, selbst mit einem der besten Produkte im Marschgepäck.

Es gibt Möglichkeiten, die gefühlsmäßige Beurteilung unserer Erscheinung durch andere in positive Bahnen zu lenken. Zuerst können wir eine Anfangsakzeptanz durch unser Auftreten erreichen. Wenn wir Fremden freundlich gegenübertreten, pünktlich erscheinen und erwartungsgemäß gekleidet sind, wird sich der erhoffte Effekt erst einmal einstellen. Auf dieser Basis sollten Sie dann den wichtigsten Zug des Spiels machen:

Zeigen Sie Ihrem Kunden, dass er Ihnen wichtig ist!

Jeder Mensch glaubt von sich, er sei wichtig, und versucht, dies ständig zu beweisen. Dieser Beweis wird aber nur selten anerkannt und führt deshalb nur zur Verbesserung des Selbstbewusstseins, was wiederum den Drang, es den anderen zu zeigen, verstärkt. Daraus resultiert eine der grundlegendsten Eigenschaften jedes Menschen: das Streben nach Anerkennung. Es scheint uns, wie das Verlangen nach Aufmerksamkeit, in die Wiege gelegt zu sein. Da die meisten Bemühungen, Aufmerksamkeit und Anerkennung zu erlangen, fehlschlagen und die negative Bilanz mit zunehmendem Alter zunimmt, sind besonders Erwachsene süchtig danach.

Streben nach Anerkennung

Deshalb können Sie fast jeden Menschen um den Finger wickeln, wenn Sie ihm freundschaftlich gesinnt gegenübertreten, wenn Sie ihm vermitteln, dass Sie ihn schätzen, und versuchen, ihn so oft wie möglich zu bestätigen und seine Aussagen, sein Handeln und seine Person zu loben. Jeder, den Sie aufrichtig mögen, wird sich Ihnen öffnen. Außerdem führt ein solches Verhalten zu einer reziproken Reaktion, das heißt, jemand, den Sie mögen, wird auch Sie mögen. Die Betonung liegt dabei auf dem Wort »aufrichtig«. Wenn Sie versuchen, sich »einzuschleimen«, wirkt das bei Weitem nicht so stark. Dieses Verlangen ist die universelle Droge, nach der alle süchtig sind.

Warum sonst quälen sich Hunderte von Sportlern immer und immer wieder und trainieren für einen Wettkampf, bei dem nur ein Einziger Sieger werden kann? Gerade im Sport gibt es so viel mehr Verlierer als Gewinner. Aber es ist ein geradliniger Weg, um Anerkennung zu bekommen und bewundert zu werden.

Geben Sie anderen das Gefühl, dass sie akzeptiert werden und Ihnen wichtig sind. Man wird Sie dafür lieben! Außerdem erhöht sich auch die Akzeptanz Ihnen gegenüber dadurch schlagartig. Und weil niemand je genug davon bekommen kann und weil man es so selten bekommt, wird man begierig darauf warten, mehr von Ihnen zu erhalten. Gehen Sie sparsam damit um, damit die Wirkung der Droge erhalten bleibt. Am effektivsten funktioniert es, wenn Sie sich vor dem ersten Kontakt einreden, es wird Ihr bester Kunde werden. Sobald Ihr Gefühl das akzeptiert hat, signalisiert alles in Ihnen, dass es so ist, und damit wird es glaubwürdiger für den anderen.

Kompetenz vermitteln Jeder glaubt von sich selbst, er sei besser als der Durchschnitt. Man fühlt sich den Menschen aus seinem sozialen und beruflichen Umfeld überlegen, und sei es nur in bestimmten Bereichen. Diese grundsätzliche Selbstüberschätzung können Sie nutzen, indem Sie Ihrem Gegenüber das Gefühl vermitteln, er sei kompetent. Dabei sollten Sie mit Komplimenten eher zurückhaltend sein. Statt zu sagen: *»Darüber wissen Sie aber gut Bescheid!«*, fragen Sie besser: *»Wie kommt es, dass Sie sich so gut auskennen?«* Er wird es Ihnen ausführlich erklären. Der gewünschte Effekt verstärkt sich dadurch wesentlich. Es ist eine geschickte Art, das Geltungsbedürfnis Ihrer Kunden zu befriedigen, ohne sich anzubiedern.

Grundlegende Verhaltensmuster

An dieser Stelle möchte ich noch auf ein paar grundlegende Verhaltensmuster hinweisen, die fast bei jedem anzutreffen sind und an denen Sie Ihr Vorgehen im Verkauf ausrichten sollten, wenn es zu Ihrer Dienstleistung passt.

Menschen neigen zum Verdrängen und Beschönigen der eigenen Situation. Die Gefahr, dass einem etwas Schlimmes zustößt, wird für die eigene Person als unwahrscheinlicher empfunden als für alle anderen. Fragen Sie einmal einen Raucher, warum er seine Gesundheit derart gefährdet. Vielleicht bestätigt er, das Rauchen grundsätzlich gefährlich ist. Das gilt allerdings nicht für ihn, und er wird Ihnen im gleichen Atemzug Beispiele nennen von Rauchern, die 100 Jahre alt geworden sind, ohne Krebs oder ähnlich Schlimmes zu bekommen.

Beschönigen und Verdrängen

Verkaufen Sie Produkte oder Dienstleistungen, die Gefahren bergen oder die davor schützen sollen, z.B. Versicherungen, sollten Sie diesen Aspekt berücksichtigen. Außerdem hat diese übertrieben optimistische Einstellung Einfluss auf den Versuch, die Situation durch ein Produkt oder eine Dienstleistung verbessern zu wollen.

Bei Unsicherheiten des Käufers in Bezug auf das Produkt, bei gleichen Voraussetzungen sowie ganz allgemein bei Personen mit geringem Selbstwertgefühl besteht sehr häufig die Tendenz, sich der Masse und deren Meinung anzuschließen. Wenn Sie sich damit konfrontiert sehen, sollten Sie dem Nutzen Ihres Produktes und der daraus resultierenden Lösung allgemeine Gültigkeit verleihen. Dies gilt auch für Fragen, die der Kunde stellt, um seine Situation mit der von anderen vergleichen zu können, und mit denen er die Einstellung der Allgemeinheit zu Ihrem Produkt in Erfahrung bringen will.

Die Massenmeinung suchen

Wichtig ist in diesem Zusammenhang die Basismotivation der Menschen. Welches ist der kleinste gemeinsame Nenner menschlicher Motivation, der Urgrund allen Tuns? Die Tendenz, sich vom Schmerz ab- und der Freude zuzuwenden!

Die Freude kann in der Zukunft liegen; die Überzeugung, sie erfahren zu werden, ist ausreichend. Der Schmerz muss nicht real existieren, es genügt, wenn die Menschen daran glauben, dass sie in Not sind, geraten werden oder könnten. Die Kirchen und die Versicherungsgesellschaften arbeiten seit Jahr und Tag äußerst erfolgreich mit auf Angst basierter Motivation. Wenn ein Mensch Angst vor etwas hat, sei es das Fegefeuer oder ein mögliches Unglück, ist er leicht zu Handlungen zu bewegen, solange er glaubt, dadurch dem vermeintlichen Schicksal zu entrinnen.

Das Angstniveau muss hoch genug sein, um eine Handlung in Richtung Vermeidung zu erzielen, aber auf keinen Fall zu stark, weil das einen Abwehrmechanismus auslösen kann. Menschen neigen dazu, allzu große Gefahren zu verdrängen. Überschreiten Sie den Zenit des Angstpotenzials bei Ihrem Kunden, merken Sie das an unsachlichen, pauschalen, bisweilen unsinnigen Argumenten.

Beispiel

Nehmen wir als Beispiel einen Kunden, der noch keine Altersvorsorge hat und eigentlich 300 Euro monatlich zur Seite legen müsste, um richtig abgesichert zu sein, dem aber momentan dafür nur 100 Euro zur Verfügung stehen. Versucht der Versicherungsverkäufer, ihm eine Rentenversicherung mit einem monatlichen Beitrag bis zu 100 Euro zu verkaufen, indem er ihm »etwas« Angst vor der Zukunft macht, hat er eine Chance, den Abschluss zu realisieren. Zeigt der Versicherungsverkäufer seinem Kunden die wirkliche Misere der gesetzlichen Absicherung auf und versucht, ihm damit »große« Angst zu machen, die sachlich korrekt einen monatlichen Beitrag von mindestens 300 Euro zu ihrer Beseitigung erfordert, kann es sehr gut sein, dass dieser Kunde die gleichen Argumente, deretwegen er den »kleinen« Abschluss gemacht hätte, als unzutreffend abtut. Fakten werden dann verdrängt und unsachliche Aussagen gemacht, wie beispielsweise: *»Wer weiß, ob ich überhaupt so lange lebe«*, *»Vielleicht gewinne ich ja im Lotto«* etc. Diese übertriebenen Aussagen verhindern dann den Abschluss. Der Kunde schickt den Versicherungsvermittler weg, da er sein Gesicht nicht verlieren will, und der nächste Vertreter hat es entsprechend leicht, den »kleinen« Abschluss – wegen der guten Vorarbeit seines Kollegen vielleicht sogar einen etwas größeren – zu tätigen.

Im direkten Vergleich geht der Trend eher in Richtung Vermeidung von Schmerz als zum Erreichen oder Verlängern von Freude. Das heißt, die Bereitschaft, etwas zu unternehmen, um eventuellen Schmerzen und ungewollten Situationen zu entrinnen, ist größer als die zum Erzielen positiver und angenehmer Zustände. Meist wird die Angst als stärker empfunden, wenn etwas Schlechtes oder Schlimmes erwartet wird, als die Freude im Hinblick auf etwas Schönes. Selbst die Erinnerung an sehr schlimme Erlebnisse ist stärker und hält länger an als die an die besonders guten.

Auch wenn leidvolle, böse, einschneidende Erlebnisse oft verdrängt werden, so lebt doch die Angst davor im Unterbewusstsein weiter. Daraus resultiert die häufig anzutreffende Einstellung, sich eher für die sichere Seite zu entscheiden – auch dann, wenn der zu erwartende Profit deshalb gering ist. Hauptsache, die Chancen auf den kleinen Gewinn sind entsprechend hoch.

Sicherheit bevorzugen

> **Es besteht die Tendenz, Risiken zu vermeiden, selbst wenn dadurch die Möglichkeiten auf einen sehr hohen Gewinn schwinden.**

Diese Grundeinstellung betrifft auch jedweden Produkt- oder Lieferantenwechsel, weil das Ergebnis dadurch unsicher wird. Das bedeutet für den Verkauf, die Vorteile eines neuen Produktes oder eines neuen Lieferanten müssen entsprechend groß sein, um diese Verhinderungshürde zu nehmen. Je öfter jemand durch äußere Umstände gezwungen war, Änderungen herbeizuführen, um sich den neuen Verhältnissen anzupassen, desto flexibler und risikobereiter ist er.

> **Ein hoher, aber nur eventuell eintretender Verlust wird eher in Kauf genommen als ein sofort entstehender Schaden.**

Dieses Phänomen ist sehr gut an den Börsen zu beobachten, wenn Nichtprofis Aktienhandel betreiben. Es ist einer der Hauptgründe, warum Gewinne tendenziell zu früh und Verluste immer zu spät realisiert werden. Geht es bergauf, verlässt den Spekulanten zu schnell der Mut, geht es abwärts, regiert das Prinzip Hoffnung.

Auf den Eindruck kommt es an!

Der erste Eindruck

Basis für alle Interaktionen

Begegnet man jemandem zum ersten Mal, rastert das Gehirn sein äußeres Erscheinungsbild. Ziel ist dabei zu erkennen, mit wem man es hier zu tun hat. Der Vorgang läuft automatisch ab und dauert nur wenige Sekunden. Die äußerlichen Merkmale, das Aussehen, insbesondere das Gesicht, der Körperbau, die Körperhaltung sowie Kleidung und Stimme, aber auch alle Verhaltensmerkmale, Mimik und Gestik, Lächeln, Geschwindigkeit der Bewegungen etc., gehen in die Bewertung ein. Dieser erste Eindruck dient uns als Basis für alle weiteren Interaktionen mit dieser Person. Dabei entsteht eine positive oder eine negative Erwartungshaltung, die zwar durch das weitere Verhalten geändert werden kann, aber erst einmal da ist. Ab da betrachten wir unser Gegenüber aus der Sicht dieses Eindrucks und der dabei entstandenen Erwartungen. Jede Übereinstimmung mit der ersten Meinung über diesen Menschen verstärkt deshalb das Bild, das wir über ihn haben. Abweichungen müssen dagegen mehrfach stattfinden und sich intensiver präsentieren, um eine Änderung zu bewirken. Deshalb ist es so schwierig, die Einschätzung, die durch den ersten Eindruck entstanden ist, später wieder zu korrigieren.

Es gibt keine zweite Chance für den ersten Eindruck!

Erscheint man verspätet zur ersten Verabredung, wird man in die Kategorie »unzuverlässig und unpünktlich« einsortiert. Kommt man dann zum nächsten Termin genau zum ausgemachten Zeitpunkt, wird die Einschätzung nicht geändert, sondern nur leicht in Frage gestellt. Das bedeutet, der Unzuverlässige muss mehrfach beweisen, dass er es doch nicht ist, bevor die Meinung über ihn revidiert wird. Im umgekehrten Fall, wenn man wegen seiner Pünktlichkeit beim ersten Termin den Zuverlässigen zugeordnet wurde, wird die Verspätung bei einer weiteren Verabredung als

Ausrutscher gewertet; man bleibt erst einmal bei den Guten. In beiden Fällen erschienen die Personen einmal pünktlich und einmal unpünktlich. Trotzdem hinterließ der eine einen zuverlässigeren Eindruck als der andere. Das ist die Wirkung des ersten Eindrucks!

Das ist auch der Grund, warum sich Menschen meistens so verhalten, wie wir es erwartet haben. Das Gehirn sucht hauptsächlich nach Übereinstimmungen, die seine Erwartungshaltung bestätigen. Um keine neue Bewertung vornehmen zu müssen, werden Abweichungen so lange ausgeblendet wie möglich. Deshalb bemerken wir jede Übereinstimmung sehr viel stärker. Man nimmt das wahr, was man wahrnehmen will, und nicht das, was wirklich ist.

Erwartungshaltungen bestätigen

Absichtlich einen guten Eindruck erzeugen zu wollen, geht meistens dann schief, wenn es zu schnell und zu aufdringlich versucht wird. Da die subjektive Bewertung so schnell passiert und Abweichungen suspekt erscheinen, sollte man am Anfang einer neuen Beziehung – sozusagen während der Beschnupperungsphase – besser zurückhaltend bleiben. Aktionen, die in den ersten Momenten des Kennenlernens gestartet werden, um beispielsweise besonders witzig zu erscheinen, müssten schon genau den Humor und die Bereitschaft der anderen Person treffen, um positiv zu wirken. Andernfalls provoziert man einen gegenteiligen Effekt, und der bleibt dann erst einmal haften.

Weitere Eindrücke

Im weiteren Verlauf bewerten wir Menschen danach, wie ähnlich sie uns und anderen Menschen, die wir kennen, sind. Am sympathischsten erscheinen uns Personen, die uns ähnlich sind; danach folgen solche, die denen ähneln, die positiv von uns beurteilt werden. Dies können alle Menschen sein, zu denen wir eine Meinung haben, Bekannte, Verwandte, aber zum Beispiel auch ein Filmstar oder Künstler. Eine Übereinstimmung erzeugt unbewusst ein gutes Gefühl, jede Abweichung ein negatives. Auch dieser enorm subjektive Vorgang zeigt, wie sehr die Realität eine

Ähnlichkeit

Illusion ist, da es keinen direkten Zusammenhang zwischen dem Erscheinungsbild einer Person und dafür gibt, ob er ein guter oder schlechter Mensch ist.

Selbstironie In diesem Zusammenhang muss noch ein interessanter Aspekt der späteren Phasen des Kennenlernens, also der Zeit, die auf den ersten Eindruck folgt, erwähnt werden. Obwohl die weiteren Verhaltensweisen sparsam abgespeichert werden, gibt es eine Methode, völlig unnötigerweise einen schlechten Eindruck zu provozieren. Es handelt sich um Selbstironie, die Sie grundsätzlich vermeiden sollten. Auch wenn sie mit Humor präsentiert wird und selbst wenn das Gegenteil der Fall ist, schadet sie nur und hilft kein Bisschen.

Bringen Sie sich selbst nicht mit negativen Eigenschaften in Verbindung, schon gar nicht, wenn diese auf Sie zutreffen. Sagen Sie niemals etwas Schlechtes über sich!

Ihr Gegenüber nimmt immer nur einen Teil der Information auf, die Sie ihm geben. Deshalb dauert es einige Zeit, bis eine Ihrer Eigenarten so klar hervortritt, dass sie bewusst zur Kenntnis genommen wird. Es kann sein, dass eine Ihrer Unarten – kein Mensch ist vollkommen – gar nicht bemerkt wird. Warum also darauf hinweisen und sie damit unnötig verstärken? Oft wird es getan, weil man Angst hat, es käme sowieso heraus, und man versucht, dem zuvorzukommen. Verzichten Sie darauf! Sie haben es unendlich viel schwerer, Ihren Verkauf zu tätigen, wenn Ihr potenzieller Kunde schlecht über Sie denkt.

Noch schlimmer ist es, wenn Sie sich mit einer schlechten Eigenart in Zusammenhang bringen, obwohl diese gar nicht auf Sie zutrifft. Auch wenn dies mit ironischem Ton erfolgt, wird Ihr Gesprächspartner die Aussage zur Kenntnis nehmen und versuchen, Beweise zu deren Bestätigung zu finden. Und die finden sich schneller, als Sie denken!

Stahlrohr Die negative Auswirkung von Selbstironie habe ich selbst schon erlebt. Ich halte mich (Eigenbetrachtungen sind immer äußerst subjektiv) für einen flexiblen Zeitgenossen. Wie jeder habe auch ich meine Gewohnheiten und Vorlieben und sage nicht zu allem

Ja und Amen, nur um meine Flexibilität unter Beweis zu stellen. Zwei-, dreimal habe ich meiner Lebensgefährtin mit ironischem Unterton zu irgendetwas, wozu ich in dem Augenblick keine Lust hatte, gesagt: »*Nein, will ich nicht, du weißt ja, ich bin flexibel wie ein Stahlrohr!*« Als ich es sagte, hielt ich es für lustig, aber dieser Schuss ist nach hinten losgegangen! Ich war in ihren Augen fortan ein total eingefahrener, unflexibler Mensch. Und jedes Mal, wenn ich nicht ihrer Meinung war oder etwas nicht so gemacht habe, wie sie wollte, trug dies zum Beweis meiner Stahlrohrhaltung bei.

Wie der erste hat auch der letzte Eindruck eine besondere Wirkung. Was Sie als Letztes sagen und tun, bleibt im Gedächtnis hängen. Es ist das Erste, was dem anderen bei der nächsten Begegnung zu Ihrer Person einfällt. Aus diesem Grund empfehle ich Ihnen, sich ein »Drehbuch« für die Begrüßung und die ersten Minuten des Kennenlernens sowie für das Verabschieden zu entwerfen und sich bei jedem neuen Kundenkontakt wie ein Schauspieler daran zu halten. Es sollte zurückhaltend und nach den noch folgenden Empfehlungen dieses Buches entwickelt werden. Dabei sind alle Aspekte inklusive Pünktlichkeit, Kleidung, Körperhaltung und Timing zu beachten.

Der letzte Eindruck

Die wenigsten der oben beschriebenen Vorgänge werden bewusst wahrgenommen, die meisten werden in den Tiefen des Unterbewusstseins verarbeitet. Weil es uns nicht bewusst wird, entzieht es sich zwar unserer Einflussnahme, aber es bestimmt unser Denken und Fühlen und somit auch unser Handeln. Aus diesem Grund ist es möglich, das Verhalten eines Kunden zu steuern, ohne dass er es bemerkt.

Was der Kunde wirklich will

Die Kaufabwehrhaltung

Misstrauen Zunächst sollten wir uns im Klaren darüber sein, wie sich ein Käufer in Bezug zu einem Verkäufer fühlt, was er will und was er zu vermeiden versucht. Dabei stellt sich als Erstes die Frage: Warum wird Verkäufern meistens misstraut? Das liegt an der Sache an sich. Wie kann man jemandem vertrauen oder glauben, er erzähle uns die ganze und ungeschönte Wahrheit über etwas, wenn er von dem Gewinn, den der Verkauf abwerfen soll, leben muss. Ergo wird er versuchen, den Käufer zu übervorteilen und nicht zu dessen, sondern (egoistisch, wie alle Menschen nun mal sind!) zu *seinem* Vorteil handeln. Er wird versuchen, mehr Geld zu bekommen, als sein Produkt wert ist. Eventuell wird er sogar versuchen, etwas zu verkaufen, das der Käufer überhaupt nicht braucht.

Versetzen Sie sich dazu bitte einmal in die Lage eines Käufers. Was denken und fühlen Sie als Käufer, wenn Sie mit einem Verkäufer Kontakt haben, der Ihnen etwas verkaufen will?

Menschen kaufen gerne – wollen aber nichts verkauft bekommen!

Abwimmeln Soll heißen: Die Macht der Entscheidung darüber, ob er etwas kauft oder nicht kauft, will der Käufer unbedingt behalten. Menschen hassen es geradezu, etwas verkauft (»angedreht«) zu bekommen. Personen, die schlecht Nein sagen können, entwickeln sogar Ängste vor Verkäufern. Sie haben die Erfahrung gemacht, dass sie geschickten Verkäufern schutzlos ausgeliefert sind. Sie können nicht nicht kaufen. Diese Menschen haben deshalb Strategien entwickelt, Verkäufer abzuwimmeln, und zwar unabhängig davon, ob sie das Angebotene benötigen oder nicht.

Damit haben wir zwei schwer vereinbare Positionen: Der Verkäufer hat das Ziel, etwas zu verkaufen, der Käufer will nur eventuell kaufen, aber auf gar keinen Fall etwas verkauft bekommen. Dieser Drang nach Kontrolle zeigt sich häufig schon in der Abwehrhaltung bei der Terminvereinbarung. Wie oft haben Sie auf die Frage eines Verkäufers im Einzelhandel, ob er Ihnen helfen kann, geantwortet: »*Danke, erst einmal nicht, ich will mich nur umsehen!*« – selbst dann, wenn ein bisschen Hilfe ganz gut gewesen wäre? Die Haltung des Käufers ist konträr zur Haltung des Verkäufers!

Um die Kontrolle zu behalten, nimmt der Käufer die gegenteilige Einstellung des Verkäufers an. Das Spiel verläuft dann meistens folgendermaßen: Der Käufer versucht, die Kaufargumente des Verkäufers zu entkräften, in Frage zu stellen oder als unwichtig abzutun. Er verwendet dabei Formulierungen wie beispielsweise *»Ja, aber«, »kann, muss aber nicht«, »Das kann ja jeder behaupten«.* Manchmal stellt er sogar abenteuerliche Behauptungen auf oder verlässt allgemein anzunehmende Positionen. Auf die Frage eines Versicherungsverkäufers: »*Soll es Ihnen einmal gut gehen, wenn Sie in Rente sind?*« zu antworten: »*Ist mir egal, wahrscheinlich bin ich bis dahin sowieso schon tot!*« – das kommt in der Praxis wirklich vor –, zeigt dies auf erschreckende Weise. Der Käufer ist kein Idiot, er will nur vermeiden, dem Verkäufer eine Angriffsfläche für ein Verkaufsgespräch zu bieten.

Keine Angriffsfläche

> **Jedes Argument, welches Sie für Ihr Produkt anführen, kann gegen Sie und den Abschluss verwendet werden!**

Der Kunde will Ihr Wissen

Ihre Kunden von Ihrem Fach- und Sachwissen profitieren zu lassen, ist Ihr Job. Es kommt jedoch darauf an, ob der Kunde bereit ist, dafür zu bezahlen, oder ob er Sie nur als kostenlosen Informanten missbrauchen will. Um jederzeit die Kontrolle während des Verkaufsvorganges zu behalten, ist es wichtig, die Motive und Verhaltensweisen des potenziellen Käufers zu verstehen.

Lügen   Der Käufer hat ein Problem, welches er lösen muss, und deshalb wird er kaufen – wenn nicht von Ihnen, dann von einem anderen, und zwar selbst wenn Sie es waren, der den Bedarf erst geweckt hat, indem Sie den Kunden auf eine Problematik hingewiesen haben. Auch, wenn er Ihnen den rettenden Hinweis auf eine zu erwartende ungünstige, schwierige oder sogar gefährliche Situation zu verdanken hat, und auch, wenn Sie den Kunden durch Ihr Produkt davor mit Sicherheit bewahren können, kann es sein, dass er woanders kauft, eventuell sogar zu schlechteren Bedingungen! Sie können davon ausgehen, dass der Kunde Sie anlügt.

Lügen ist das Abwehrsystem des Käufers gegen die Verkaufsbemühungen des Verkäufers.

Der Käufer weiß, Sie sind darauf trainiert, ihn dazu zu bringen, etwas zu tun, das er so nicht vorhat zu tun. Er weiß, dass Sie Techniken kennen – zumindest nimmt er das an –, mit denen Sie ihn in Situationen bringen können, in die er nicht kommen will. Um sich davor zu schützen, lügt er.

Kritik   Wie weit würden Sie einem Kunden preislich entgegenkommen, wenn Sie genau wüssten, er will Ihr Produkt unbedingt kaufen? Wahrscheinlich nicht so sehr, als wenn er Sie darüber noch im Zweifel lässt und Sie deshalb davon ausgehen, nur über einen guten Preis zum Abschluss kommen zu können. Das ist einer der Gründe, warum Kunden glauben lügen zu müssen und es dann auch tun, obwohl sie sich selbst als ehrliche Menschen sehen. Oft ist es sogar so, dass sich der potenzielle Kunde mit steigendem Interesse an einem Produkt immer cooler verhält. Er versucht, seine Kaufbereitschaft zu verbergen. Man erkennt dieses Vorgehen daran, dass er anfängt, kritisch zu argumentieren, oder versucht, Nachteile zu finden, wo gar keine sind, und man dabei den Eindruck bekommt, dass er das nicht wirklich so meint. Seine Mimik und Gestik, besonders die Haltung und Bewegungen der Hände, sind dann nicht im gefühlsmäßigen Einklang mit seinen Aussagen.

Deshalb sollten wir als Verkäufer versuchen, alles zu unterlassen, was vordergründig auf eine Verkaufsbemühung hindeuten könnte. Sätze wie: *»Wenn ich Ihnen zeigen kann, wie Sie den Vorteil*

XY erlangen, werden Sie dann heute mein Kunde?« sind zu vermeiden. Bei der Anwendung der Trojanischen Verkaufsstrategie machen wir den Abschluss ohne Abschlusstricks, also ohne *Closing*.
Der Verkauf findet dann statt, wenn der Interessent es nicht vermutet.

Bei den Antworten auf neuralgische Fragen – also auf Fragen,
die erkennbar in Richtung Abschluss zielen – werden Sie ange-
logen. Das Lügen beginnt bereits bei Antworten zur Zufriedenheit mit dem zurzeit existierenden Produkt oder Lieferanten und
zieht sich durch das ganze Verkaufsgespräch. Wenn Sie auf die
Frage: *»Sollten Sie sich heute für mich und mein Produkt entscheiden,
wie schnell müssten wir liefern?«* die Antwort erhalten: *»Kann ich
Ihnen noch nicht sagen, das muss ich erst prüfen!«*, ist das nicht die
Wahrheit! Bei einem akuten Problem weiß der Einkäufer im Allgemeinen, wann er die Lösung spätestens benötigt. Außerdem
haben Sie sicherlich auch schon die Erfahrung gemacht: Wenn die
Entscheidung zum Kauf gefallen ist, kann es nie schnell genug mit
der Lieferung gehen.

**Neuralgische
Fragen**

Sie wissen jetzt, dass der Interessent lügt und warum er das tut.
Dazu eine Regel:

**Sie müssen mindestens dreimal fragen, um die wahre
Absicht des Kunden zu erfahren!**

1. Neuralgische Frage – Antwort ist gelogen
2. Nachfrage – wieder gelogene Antwort
3. Nachfrage – ehrliche Antwort (sofern sie sich von
   der ersten und zweiten Antwort unterscheidet),
   ansonsten
4. nochmals Nachfrage

Bei den ersten beiden Antworten handelt es sich im Allgemeinen
um verstandesmäßige Antworten, mit denen Sie nicht viel anfangen können. Die dritte ist dann häufig eine emotionale Antwort,
die die wahre Absicht Ihres Interessenten widerspiegelt. Das ist
die wichtige Information, denn Menschen kaufen aus emotionalen Gründen und nicht aus Vernunft.

VERKÄUFER: *Unter welchen Umständen könnten Sie sich vorstellen, Produkt X von uns zu beziehen?*
(Neuralgische Frage)
KUNDE: *Zurzeit gar nicht, wir sind mit unserem jetzigen Lieferanten sehr zufrieden!*
(Verstandesmäßige Antwort)
VERKÄUFER: *Kein Lieferant ist bei allem der Beste, auch wir nicht. Gibt es etwas, das bei dem Kauf von Produkt X aus Ihrer Sicht verbessert werden könnte?*
(1. Nachfrage)
KUNDE: *Nein, alles bestens. Wir wollen wirklich nicht wechseln!*
(Verstandesmäßige Antwort)
VERKÄUFER: *Wenn Sie zufrieden sind, kann ich das gut verstehen! Was ist denn das Besondere an Ihrem jetzigen Lieferanten?*
(2. Nachfrage)
KUNDE: *Wir beziehen das Produkt X seit Jahren von unserem Lieferanten und waren damit immer zufrieden!*
(Emotionale Antwort)

Der Hinweis auf die langjährige Zusammenarbeit zeigt die emotionale Verbundenheit zwischen dem potenziellen Kunden und seinem jetzigen Lieferanten und ist der wahre Grund dafür, dass er nicht wechseln will. Das Gleiche gilt für Fragen des Kunden.

Fragen des Kunden

KUNDE: *Haben Sie noch mehr von dieser Sorte?*
VERKÄUFER: *Oh ja, die ist sehr beliebt, davon produzieren wir große Mengen!*
KUNDE: *Das ist schade, ich kaufe nur exklusive Produkte.*

So nicht, sondern:
KUNDE: *Haben Sie noch mehr von dieser Sorte?*
(Sachfrage und nicht der wahre Grund)
VERKÄUFER: *Das ist eine seltene Frage, warum interessiert Sie das?*
(1. Nachfrage)
KUNDE: *Ich habe mich nur gefragt, wie viel Sie davon produzieren?*
(Sachfrage und nicht der wahre Grund)
VERKÄUFER: *Das leuchtet mir ein, warum ist das von Bedeutung für Sie?*
(2. Nachfrage)
KUNDE: *Um zu sehen, wie exklusiv Ihr Produkt ist.*
(Sachfrage und nicht der wahre Grund)

VERKÄUFER: *Ist Ihnen Exklusivität wichtig?*
(3. Nachfrage)
KUNDE: *Ich kaufe nur exklusive Produkte!*
(Emotionale Antwort und der wahre Grund)

Selbst wenn es sich dabei um ein Massenprodukt handelt, jedoch die Möglichkeit besteht, spezielle Ausführungen nach Kundenwunsch herzustellen, könnte aus dem Verkauf noch etwas werden. Dann müsste man in Erfahrung bringen, was der Kunde unter Exklusivität versteht. Ansonsten kann man abbrechen und sich den weiteren Aufwand sparen.

Potenzielle Käufer wiegeln häufig sofort ab, nachdem sie von einem Verkäufer angesprochen wurden, indem sie behaupten, sie seien nicht interessiert. Woher in aller Welt sollen sie wissen, ob das Angebot interessant ist, bevor sie erfahren haben, worum es genau geht?

Interesse leugnen oder vortäuschen

Andere wiederum bekunden Interesse, obwohl sie überhaupt keines haben. Sie versuchen damit, dem Druck zu entgehen, den sie annehmen ansonsten zu bekommen. Das sind die Interessenten, bei denen es schwierig ist, einen Termin zu erhalten, und vereinbarte Termine immer wieder ausfallen, bis man entnervt aufgibt.

Zum Spaß habe ich das ausprobiert und bei solchen »Spezialisten« jedes Mal weit über zehn Termine erhalten, von denen natürlich keiner je stattgefunden hat. Das Interessante sind die Ausreden, um den Terminausfall zu begründen. Schon das schlechte Gewissen dem Verkäufer gegenüber macht es dem potenziellen Interessenten nach dem zweiten oder dritten Ausfall unmöglich, den Termin noch stattfinden zu lassen. Er fühlt sich dem Verkäufer gegenüber dann verpflichtet, und davor hat er große Angst.

Versuchen Sie deshalb, kein schlechtes Gewissen bei Ihrem Interessenten entstehen zu lassen, wenn er sich an seine Terminvereinbarungen nicht hält. Das erreichen Sie, indem Sie großes Verständnis für die Verfehlung bekunden. Der »Missetäter« wird sich im Normalfall dann entschuldigen.

Die defensive Entschuldigungshaltung können Sie nutzen, um die nicht eingehaltene Vereinbarung neu zu schließen und zu festigen. Der potenzielle Interessent ist in dieser Situation zu großen Verpflichtungen bereit. Überspannen Sie den Bogen nicht und machen Sie den Kunden nicht zu klein! Denn dann geht der Schuss nach hinten los. Der Termin fällt genau deswegen wieder aus, und Sie geraten in die vorher beschriebene Situation.

Wie werden Kaufentscheidungen, Sie und mich eingeschlossen, »objektiv« getroffen? Um Kaufentscheidungen zu treffen, sammeln wir Informationen, wägen diese, so gut wir können, gegeneinander ab und versuchen dann, das Produkt so günstig wie möglich zu erwerben. Stimmt das auch für Sie?

Beratungs-diebstahl Der Interessent will wissen, was Sie wissen. Das Problem ist, er will dafür oft nichts bezahlen, also lügt er. Schützen Sie sich davor und lassen Sie sich nicht als kostenlosen Informanten missbrauchen. Der sogenannte Beratungsdiebstahl kommt häufiger vor, als Sie denken.

Ein cleverer Hausherr beschließt, einen Kamin in sein Haus einbauen zu lassen. Er ist Sachbearbeiter in einer Exportfirma und kennt sich mit der Materie des Kaminbaus nicht aus. Aus den *Gelben Seiten* sucht er sich drei Firmen aus, die Kamine verkaufen und in bestehende Häuser einbauen. Nacheinander besuchen ihn drei äußerst versierte Außendienstmitarbeiter. Alle drei verfügen über großes Wissen beim Kamineinbau, nur leider nicht über eine Verkaufsstrategie. Sie klären unseren Exportsachbearbeiter darüber auf, welche Position für den Kamin möglich und welche am besten geeignet ist und was sonst noch zu beachten sei. Nach den Beratungen verabschiedet sich der Interessent immer auf die gleiche Art und Weise. Er sagt, er fühle sich sehr gut beraten. Er wird das Angebot, welches ihm ausgezeichnet gefällt, überdenken und sich dann auf jeden Fall melden.

Da er nur einen Kamin benötigt, aber drei Berater hat kommen lassen, müsste er mindestens zwei Anbietern absagen. Da ihm die dann erwartete Argumentation zu lästig oder unangenehm ist, meldet er sich gar nicht. In unserem Beispiel kommt es allerdings noch schlimmer!

Nachdem unser vermeintlicher Kunde alle Informationen bekommen hatte und über alle wichtigen Punkte aufgeklärt war, kaufte er den Kamin im Baumarkt. Ein Freund, von Beruf Maurer, baute den Kamin ein. Kommt Ihnen dieses Beispiel bekannt vor?

Resümee: Dreimal Fahrtkosten, drei Beratungen, drei Angebote und drei Präsentationen mit Herzblut, dreimal Hoffnung auf einen Abschluss, dreimal Frust, weil der Interessent sich nicht meldet und bisweilen sogar patzig auf Nachfragen zum Stand der Dinge reagiert. Dreimal ausgenutzt und einmal Geld gespart. Es sind bestimmt nicht alle Kunden so, aber wenn Sie solche Situationen vermeiden wollen, brauchen Sie ein Verkaufskonzept und nicht ausschließlich nur Fachwissen.

Achten Sie dabei auch auf Ihr Unterbewusstsein. Zu gerne stellen wir unsere Kompetenz unter Beweis. Zu gerne präsentieren wir unser Wissen im Glauben daran, damit etwas zu verkaufen.

Es fällt schwer, Fragen erst einmal nicht zu beantworten, weil man meint, die Beantwortung würde dem Verkauf dienen. Besonders ohne einen klaren Weg zum Abschluss vor Augen wird man schnell Opfer der Egofalle. Lassen Sie sich nicht das Spiel des Kunden aufzwingen: Übernehmen Sie die Führung und steuern Sie das Verkaufsgespräch.

Dabei identifizieren Sie Ihren Interessenten schnell als möglichen Käufer oder Nichtkäufer. Das steigert Ihre Effektivität ebenso wie Ihre Umsätze. In der Lage zu sein, das Geschehen während des Verkaufsprozesses bewusst zu steuern und damit einen Abschluss zu erreichen, macht sehr viel Spaß, wie Sie sehen werden.

In diesem Zusammenhang möchte ich noch eine Taktik erwähnen, die manchmal von Käufern, im Speziellen von Einkäufern, dazu angewandt wird, den Preis zu drücken: die Aufwandtaktik. Dabei versucht der Einkäufer, den Aufwand für den Verkäufer unnötig zu erhöhen, um ihn mürbe zu machen. Er verlangt immer neue Angebote und Änderungen, damit dieser später auf seine Preisvorstellungen eingehen wird. Wenn dem Verkäufer bewusst wird, wie viel Arbeit er bereits investiert hat, so die Hoffnung des

Aufwandtaktik

Kunden, wird er den Auftrag auch zu (für ihn) schlechten Konditionen annehmen, damit der ganze Aufwand nicht umsonst war.

Die in den vorherigen Kapiteln beschriebene Kaufabwehrhaltung, die konträre Haltung des Käufers und sein Bestreben, Ihr Wissen ohne Kosten zu bekommen, stellen die »uneinnehmbaren« Mauern von Troja da. Die Trojanische Verkaufsstrategie ist die Bauanleitung für das hölzerne Pferd, mit dem wir die Stadt trotzdem einnehmen werden.

ZWEITER TEIL

Die Trojanische Verkaufsstrategie

Das hölzerne Pferd

Sicherlich ist Ihnen das trojanische Pferd ein Begriff. Die Geschichte, die Homer in der *Ilias* erzählt, trug sich ungefähr folgendermaßen zu: Die damalige Miss World, also die schönste aller Frauen, hieß Helena. Sie war verheiratet mit Menelaos, dem König von Sparta. Menelaos war ihr wahrscheinlich zu alt oder nicht gut aussehend genug, jedenfalls vergnügte sie sich mit Paris, einem der noch jungen und attraktiven Prinzen von Troja. Dieser findet die Frau so klasse, dass er Helena gleich mitnimmt. Hörner aufgesetzt zu bekommen, wenn es still und heimlich stattgefunden hätte, wäre von Menelaos vielleicht noch toleriert worden, aber Helena mitzunehmen und den Seitensprung damit öffentlich zu machen, war der Schmach zu viel.

Also zog Menelaos mit seinem Bruder Agamemnon und einem großen Heer nach Troja, um Rache zu üben. Troja war durch seine hohen Mauern hervorragend geschützt, weshalb die Schande lange nicht gesühnt werden konnte. Erst nach ca. zehn Jahren der Belagerung hatte dann Odysseus die Idee, das Pferd einzusetzen.

Die Belagerer hinterließen vor den Stadttoren als vermeintliches Geschenk ein riesiges hölzernes Pferd und verschwanden mit ihren Schiffen – allerdings nur ein paar Buchten weiter. Die göttergläubigen Trojaner zogen das hölzerne Pferd in die Stadt, nicht wissend, dass sich im Inneren des Pferdes der schlaue Odysseus mit einigen seiner Krieger versteckt hielt. Des Nachts kehrten dann die Belagerer aus ihrem Versteck zurück und überraschten die schlafenden Trojaner, nachdem ihnen Odysseus die Stadttore Trojas von innen geöffnet hatte.

Das vermeintliche Geschenk

So ähnlich geht es unserem potenziellen Kunden bei der Anwendung der Trojanischen Verkaufsstrategie: Noch bevor er das Produkt oder die Dienstleistung in Augenschein genommen hat, also noch vor der Präsentation, hat er bereits gekauft – er weiß es nur noch nicht. Die Trojanische Verkaufsstrategie ist manchmal hart – so hart, dass der Interessent am Ende wirklich kauft oder man feststellt, dass es gar nicht der richtige Kunde für uns oder das Produkt ist.

Zwei Funktionen der Verkaufs- strategie Dabei erfüllt die Trojanische Verkaufsstrategie zwei zentrale Funktionen:

1. Sie haben dadurch von Anfang an die Kontrolle über das Geschehen. Während des Verkaufsvorgangs gibt es immer nur zwei Möglichkeiten. Entweder Sie machen das, was der Käufer will, womit Sie die Kontrolle über Ihren Verkauf aus der Hand geben und den Interessenten über Ihr Einkommen bestimmen lassen. Oder Sie behalten die Kontrolle und der Interessent richtet sich nach Ihnen; dann können Sie selbst über Ihr Einkommen entscheiden.

2. Wir »schließen« den Käufer nicht »ab«, sondern bringen ihn dazu, dies selbst zu tun. Unser Ziel ist es, den Käufer zum Aufgeben zu bewegen, die ganze Arbeit für uns zu tun und sich am Schluss selbst »abzuschließen«. Ein solches Vorgehen verbraucht erheblich weniger Energie, als gegen die Mauern seiner Abwehrhaltung anzulaufen, und steigert auch noch die Effektivität!

Die Abwehrhaltung des Käufers, nichts verkauft bekommen zu wollen, wird überwunden, indem wir erst gar nicht versuchen, ihm etwas zu verkaufen. Wir sorgen lediglich dafür, dass er von selbst kauft. Das ist auch der Grund dafür, weshalb wir keine Abschlusstechniken benötigen, um zum Zuge zu kommen.

Den Kunden qualifizieren

Wir brauchen geeignete Kunden!

Um unser Produkt oder unsere Dienstleistung verkaufen zu können, müssen wir zuerst einen potenziellen Kunden finden. Als potenzieller Kunde qualifiziert sich, wer bestimmte Voraussetzungen erfüllt.

Der Interessent muss unser Produkt in irgendeiner Weise benötigen. Diesen Bedarf muss er selbst noch nicht kennen, er kann auch durch uns erst geweckt werden. Lässt sich kein Bedarf, Ziel oder Wunsch, bestenfalls eine Notwendigkeit oder Sehnsucht ermitteln oder erzeugen, ist der Interessent kein potenzieller Kunde.

1. Der Bedarf

Bei der Ermittlung des Bedarfs dürfen Sie kreativ sein. Denken Sie an das Beispiel des Eskimos, dem ein Kühlschrank verkauft werden soll. Es scheint zunächst abwegig, den Versuch zu unternehmen. Vielleicht trinkt der Eskimo gerne Bier, welches ihm ständig einfriert. Wenn der Kühlschrank das verhindern kann, haben wir einen Bedarf gefunden. Wie der Bedarf ermittelt werden kann, erfahren Sie in diesem Kapitel.

Ein Budget ist die notwendige Menge an Geld, die unser Interessent bereit ist, für den Bedarf oder sein Ziel zu investieren. Es hilft uns wenig, wenn der Interessent nicht über die notwendigen Mittel verfügt. Gleichwohl muss er bereit sein, falls er sich unser Produkt grundsätzlich leisten kann, sein Geld dafür auch auszugeben. Dazu muss sein Drang, den Bedarf zu decken, größer sein als die Liebe zu seinem Geld. Die Vorgehensweise, um dies in Erfahrung zu bringen, ist ebenfalls in diesem Kapitel beschrieben.

2. Das Budget

Machen Sie bitte nicht den Fehler, aus Freude darüber, einen Termin zur Präsentation bekommen zu haben, Ihr Produkt vorzustellen, bevor Sie wissen, ob ein Bedarf und das notwendige Budget vorhanden sind. Versuchen Sie, vor oder während der Terminvereinbarung genügend Informationen zu erhalten, um Ihren eventuellen Interessenten so weit einschätzen zu können, dass Sie wissen, ob sich überhaupt jedes weitere Engagement lohnt. Dies ist der erste Schritt zu mehr Effektivität.

Überlegen Sie einmal, ob es Ihnen schon passiert ist, dass Ihr Interessent zwar von Ihnen und Ihrem Produkt begeistert war, es sich aber leider zurzeit nicht leisten konnte. Es wäre noch vertretbar, wenn er sich, wie er Ihnen versichert hat, wirklich irgendwann gemeldet hätte. Aber wie häufig ist das wirklich passiert? Wie viele zusätzliche Verkäufe hätten Sie machen können, wenn die Nichtkäufer Ihnen Ihre Zeit nicht gestohlen hätten?

Qualifizieren Sie Ihren Kunden, bevor Sie einen Termin vereinbaren, denn Ihre Zeit ist kostbar!

Bevor ich Ihnen zeige, wie man potenzielle Kunden qualifiziert, muss es erst einmal gelingen, den Probanden für uns und unser Produkt zu interessieren. Sein Interesse ermöglicht es uns, ausreichend Informationen zu erhalten, um zu erkennen, ob er qualifiziert ist.

Wie man Interesse weckt

Aufhänger Um die Möglichkeit zu erhalten, mit einem potenziellen Kunden ein Verkaufsgespräch zu führen, muss er ausreichend neugierig auf unser Produkt oder unsere Dienstleistung gemacht werden. Dazu benötigen wir einen Aufhänger. Besonders dann, wenn die erste Kontaktaufnahme über das Telefon erfolgt, muss dieser Aufhänger interessant genug sein, damit sich der Angerufene auf das Gespräch einlässt.

Wie findet man einen wirkungsvollen Aufhänger? Überlegen Sie, welche Vorteile Ihr Produkt für den Kunden bietet.

• Was ist besonders interessant an meinem Produkt?

- Welcher Vorteil könnte den Kunden besonders interessieren?
- Welcher positive Zustand kann damit erreicht werden?
- Hat Ihre Zielgruppe spezifische Bedürfnisse, die gedeckt werden können?
- Kann man die Kosten Ihres Produktes auf null rechnen? Das heißt, es spart mehr ein, als es kostet.
- Kennen Sie eine Notsituation Ihres Kunden?
- Was kann Ihr Produkt besser als die Produkte Ihrer Konkurrenz?
- Was kann Ihre Firma besser als Ihre Konkurrenz?
- Was können Sie besser als Ihre Konkurrenz?

Sie sollten einen Vorteil bieten können! Wenn Ihr Produkt schlechter als andere und sogar noch teurer ist, warum sollte es jemand kaufen. Wenn Ihr Produkt nur gleich gut ist und auch nicht günstiger, warum sollte jemand zu Ihnen wechseln.

Gesetzt den Fall, die anderen sind wirklich alle besser, sollten Sie sich eine Klientel suchen, die nichts von den Vergleichsprodukten weiß und Ihre Mitbewerber nicht kennt oder die die Produkte und die Vorteile der anderen nicht versteht. Ein typisches Beispiel dafür ist die Versicherungsbranche: Die wenigsten sind bei einem günstigen Direktversicherer versichert, sondern zahlen für den gleichen Schutz woanders deutlich mehr. Was diese Branche betrifft, hat der Kunde nur geringe bis keine – und die Vermittler manchmal erschreckend wenig – Ahnung. Doch unter den Blinden ist der Einäugige eben König.

Wenn Ihr Produkt schlechter ist

Besser ist jedoch, Sie können Vorteile bieten und diese auch noch beweisen. Aufhänger, die Einsparungen ermöglichen, die Gesundheit fördern, Prestige versprechen, die Sicherheit erhöhen oder das Leben vereinfachen, sind besonders geeignet. Das Gleiche gilt für Zwangssituationen, die Ihr Kunde, beispielsweise durch gesetzliche Vorschriften, haben kann.

Unabhängig davon, ob Sie mit Ihrem Aufhänger den Kunden in Richtung »Weg vom Schmerz« oder »Hin zur Freude« motivieren wollen, müssen Ihre Argumente

glaubwürdig für ihn sein. Vermeiden Sie extreme Aussagen und Konfrontationen!

Für den richtigen Einsatz des Aufhängers können Sie, wenn es Ihnen sinnvoll erscheint, auch die später beschriebene Negativumkehr verwenden.

Vermeiden Sie Suggestivfragen, um Ihren Aufhänger zu verkaufen.

Deshalb so bitte nicht:
Wir bieten ..., daran sind Sie doch sicherlich auch interessiert?

Fragen Sondern bitte so:

- *Wir machen ..., ich weiß nicht, ob Sie Interesse daran haben?*
- *Wir interessieren uns für Ihre Meinung!*
- *Wie würden Sie folgendes Problem lösen?*
- *Was machen Sie, wenn ...?*
- *Was halten Sie von ...?*
- *Haben Sie dieses und jenes? – Warum?*

Neben unserer Bemühung, den Angesprochenen für uns zu interessieren, müssen wir feststellen, ob sich ein Termin überhaupt lohnt. Sobald der Angesprochene Interesse an uns und unserer Dienstleistung zeigt, versuchen wir, auch das herauszufinden. Zuerst muss es uns aber gelingen, bei unserem Probanden anzudocken, da wir seine Aufmerksamkeit brauchen. Dies geschieht mittels einer Erklärung für die Kontaktaufnahme, gefolgt von einer offenen Frage oder einer vorbereitenden, geschlossenen Frage, der eine offene Frage folgt.

Eine offene Frage beginnt mit »wer, wie, wo, weshalb, warum, welche, was«. Sie kann nicht sinnvoll mit Ja oder Nein beantwortet werden. Die sprachlich korrekte Antwort auf eine geschlossene Frage ist ein Ja oder ein Nein.

Erklärungen am Telefon
- *Um festzustellen, ob ... rufe ich Sie an!*
- *Kommt es vor, dass ...?*
- *Ich bin da und da ... für Sie zuständig, deshalb mein Anruf!*

- *Ihre Meinung zum Thema ... interessiert uns, darf ich Ihnen dazu eine Frage stellen?*
- *Wir überprüfen gerade ..., darf ich Ihnen dazu eine Frage stellen?*

- *Sie sehen so aus, als ob ...!*
- *Ich besuche Sie, weil ...!*
- *Darf ich Ihnen eine Frage zum Thema ... stellen?*
- *Sie haben aber ein gepflegtes Auto / ein schönes Haus / einen schicken Anzug!*
- *Haben Sie schon einmal daran gedacht ...?*

Persönliche Erklärung

Nachdem Sie die Kontaktaufnahme erklärt oder eine vorbereitende geschlossene Frage gestellt haben, folgt die offene Frage:

Offene Frage

- *Was halten Sie von ...?*
- *Wie stellen Sie sich ... vor?*
- *Was machen Sie, wenn ...?*
- *Warum fahren Sie dieses Auto?*
- *Wie kommt es, dass Sie ...?*
- *Wann haben Sie das letzte Mal ...?*
- *Kommt es vor, dass ...?*

Die geschlossene Vorbereitungsfrage kann zur Vorqualifizierung eingesetzt werden. Wenn Sie ein Lackpflegemittel verkaufen möchten, könnten Sie fragen, ob Ihr Proband ein Auto besitzt und wenn ja, wie er es pflegt.

Geschlossene Frage

- *Nutzen Sie in Ihrer Firma ...? Wie sind Sie damit zufrieden?*
- *Haben Sie schon einmal darüber nachgedacht ...?*
  Was hält Sie davon ab ...?
- *Ist es Ihnen wichtig ...? Warum ist Ihnen das wichtig?*

Wegen der Kaufabwehrhaltung des Käufers helfen uns positive Argumente erst einmal wenig. Vermeiden Sie Formulierungen wie:

- *Sie sind ja sicherlich daran interessiert, dass ...*
- *Um Sie davon zu überzeugen, dass ...*
- *Wir sollten einen Termin vereinbaren, damit ich Ihnen ...*
- *Ich könnte Ihnen dabei helfen ...*

Die Abwehrhaltung des Käufers kann man umgehen, indem man Verkaufsargumente vermeidet und dafür zum Beispiel eine gemeinsame Prüfung des gegenseitigen Nutzens einer Geschäftsbeziehung vorschlägt.

- *Um herauszufinden, ob es für uns beide sinnvoll ist, in dem oder dem Bereich zusammenzuarbeiten, schlage ich einen kurzen Gesprächstermin vor.*
- *Ich habe etwas, das vielleicht interessant für Sie sein könnte, darf ich Ihnen kurz ein paar Fragen zu ... stellen?*
- *Könnten Sie mir kurz bei ... helfen?*

Im Allgemeinen sprechen Menschen gerne über sich und ihre Ziele und Wünsche. Sie haben Vorstellungen und Ideen, die sie für gut halten, und möchten ihre Meinung dazu gerne mitteilen. Deshalb sind sie meistens auskunftsbereit, wenn sie danach gefragt werden. Besonders kommt dem Verkäufer hier der Umstand zugute, dass es immer wieder um die gleichen Dinge geht und dem Interessenten deshalb kaum noch jemand zuhört.

Probleme ansprechen Sie können die erforderlichen Informationen bekommen, wenn Sie Ihre potenziellen Kunden auf spezifische, wahrscheinliche Probleme ansprechen und dadurch ihr Interesse wecken.

- *Was machen Sie, um das ... Problem zu vermeiden?*
- *Was würden Sie gerne an ... ändern, wenn Sie könnten?*
- *Welches ist Ihre größte Sorge in Bezug auf ...?*
- *Haben auch Sie ein Problem mit ...?*
- *Was ist Ihnen bei ... besonders wichtig?*
- *Wie viel Ausschuss haben Sie bei der Herstellung von ...?*
- *Würden Sie gerne Zeit bei ... einsparen?*

Gibt der Kunde eine Antwort, sollten Sie versuchen, Einzelheiten herauszubekommen, indem Sie nachfragen:

- *Wie lange haben Sie diese Probleme schon?*
- *Was hat Sie das bisher gekostet?*
- *Können Sie mir das genauer erklären?*
- *Wie stellt sich das Problem genau dar?*
- *Haben Sie schon einmal versucht, das Problem zu lösen?*

- *Warum konnten Sie das Problem noch nicht lösen?* (Zurück-
  haltend fragen – kann als Angriff verstanden werden!)
- *Wie kommen Sie damit klar?*
- *Wie könnte ich Ihnen helfen?*

**Versuchen Sie bitte nicht, Neugierde und Interesse zu
erzeugen, indem Sie die Vorteile und Besonderheiten Ihres
Produktes oder Ihrer Dienstleistung darstellen, sondern
durch Fragen, wie beschrieben!**

Um die Verkaufsabsicht zu tarnen, kann man vorgeben, den potenziellen Kunden nur zu informieren, etwas kostenfrei zu prüfen, eine routinemäßige Untersuchung durchzuführen oder eine
unverbindliche Analyse zu erstellen.

Häufig findet ein Erstkontakt statt, bei dem ein Verkäufer versucht, einem eventuellen Käufer die Vorteile seines Produktes
oder seiner Dienstleistung überzeugend darzulegen, damit sich
dieser auf einen Termin einlässt. Dabei kann es passieren, dass
der Angesprochene schneller eine Abwehrhaltung einnimmt, als
der Verkäufer es schafft, ihn zu interessieren. Das hat mit unserer
schnelllebigen Gesellschaft zu tun, in der kaum jemand noch Zeit
hat oder sich einfach angewöhnt hat, sie nicht zu haben.

Außerdem werden potenzielle Kunden ständig von irgendwel-
chen Verkäufern kontaktiert, die versuchen, ihnen ihre Zeit zu
stehlen. Zeit ist Geld und wer lässt sich das schon gerne wegnehmen? Daraus lässt sich folgern: Der Aufhänger sollte sofort ins
Schwarze treffen!

Andernfalls kann man auch Tricks anwenden, um nicht abge-
wimmelt zu werden. Eine sehr effektive Variante ist der erfunde-
ne Rückruf. Anstatt den Kunden anzurufen, tun wir so, als hätte
er einen Rückruf von uns gewünscht. Mit dem vorgeschobenen
Ziel, den Grund für den Rückruf herauszufinden, füttern wir ihn
nach und nach mit unseren Aufhängern, bis er anbeißt.

Rückruf erfinden

VERKÄUFER: *Schönen guten Tag, mein Name ist Wichtig, von der
Firma … ich hätte gerne Herrn Käufer gesprochen.*
SEKRETÄRIN: *In welcher Angelegenheit?*

VERKÄUFER: *Keine Ahnung, mir wurde gesagt, es sei dringend!*
Könnten Sie mich bitte mit Herrn Käufer verbinden?
(Die Sekretärin verbindet, weil sie nicht weiß, was sie
notieren oder warum sie Sie abwimmeln soll. – Funktioniert auch mit der Gattin einer Zielperson.)

KÄUFER: *Guten Tag, mein Name ist Käufer, was kann ich für Sie tun?*

VERKÄUFER: *Guten Tag, Herr Käufer, mein Name ist Wichtig von der
Firma .... Ich sollte Sie zurückrufen!*

KÄUFER: *In welcher Angelegenheit?*

VERKÄUFER: *Ich weiß nicht. Unsere Firma ist auf die Lösung von
Problemen mit A (1. Aufhänger) spezialisiert, kann es sein,
dass Sie ein solches Problem lösen möchten?*

KÄUFER: *Nein!*

VERKÄUFER: *Waren Sie eventuell auf der XY-Messe und haben sich
für B (2. Aufhänger) interessiert?*

KÄUFER: *War ich auch nicht. Aber erzählen Sie mir ganz kurz, was
B ist!* (Falls er nicht darauf reagiert, machen wir weiter.)

VERKÄUFER: *Dann haben Sie oder ein Mitarbeiter von Ihnen sicherlich den Coupon für unseren 25-prozentigen Frühjahrsrabatt
(3. Aufhänger) zurückgefaxt?*

Treiben Sie dieses Spiel so lange, bis der Käufer sich aufregt und
genau wissen will, warum Sie anrufen. Ziehen Sie sich dann auf
einen Anrufauftrag der Zentrale oder etwas in der Art zurück, zu
dem Ihnen keine Details vorliegen. Mit etwas Glück interessiert
sich der Käufer aber für einen Ihrer Aufhänger, und Sie finden
damit Ihren Einstieg ins Termingespräch.

Dadurch, dass Sie die Aufmerksamkeit des Angerufenen nicht
direkt zu Ihren Aufhängern, sondern zu dem gemeinsamen Problem des: *»Woher kennen wir uns? / Warum ein Rückruf?«* gelenkt
haben, vermeiden Sie die Kauf-/Terminabwehrhaltung.

**Dabei ist zu beachten: Wenn Sie eine Bitte oder Forderung
stellen, z. B. an die Sekretärin, um verbunden zu werden, muss die Aufforderung dazu nach jedem Argument
wiederholt werden. Die Gedanken der Person werden
dadurch auf Ihre Bitte fokussiert und nicht auf das Argument. Sie erschweren ihr damit eine Gegenargumentation
und vermeiden so einige Diskussionen.**

Den Bedarf feststellen

Nachdem wir bei dem potenziellen Kunden angedockt haben, ver-   **Motive**
suchen wir herauszufinden, ob ihm das Produkt oder die Dienstleistung ausreichend Nutzen bieten kann, um einen Verkauf realisieren zu können. Nur wenn bei ihm die Vorstellung besteht,
etwas könnte besser sein, als es gerade ist, hat er einen Grund
zum Handeln. Ohne Motiv fehlt die Motivation, etwas zu ändern.
Und dieses Motiv muss stärker sein als die Trägheit, alles beim Alten belassen zu wollen. Menschen lassen lieber alles so, wie es ist,
da jede Veränderung auch die Gefahr birgt, dass es danach nicht
so ist, wie man es sich vorgestellt hat oder gerne gehabt hätte. Der
Wunsch, etwas zu ändern, oder noch besser, die Notwendigkeit,
sollte bereits bestehen, andernfalls muss der Wunsch erzeugt werden. Nur wenn der potenzielle Kunde, unterstützt durch seine
rationalen Überlegungen, emotional spürt, dass der zu erwartende zukünftige Vorteil durch eine positive Entscheidung eintreten
wird, kauft er. Motive sind wie die Fäden einer Marionette, sie
steuern das Verhalten. Sie liefern uns die Gründe für alles, was
wir tun oder auch lassen.

Die Ermittlung des Bedarfs ist auch in mehreren Schritten möglich. Beispielsweise kann man zuerst per Telefon, auf Messen oder
mit Rundschreiben etc. einige Randbedingungen in Erfahrung
bringen und dann einen persönlichen Termin vereinbaren. Diese
Grobrasterfahndung nach den passenden Kunden kann aus Ef-
fektivitäts- und Zeitgründen auch auf Mitarbeiter oder externe
Dienstleiter übertragen werden.

Die Basismotivation, einen Kauf zu tätigen und sich dadurch
zwangsläufig von einem Teil seines Geldes zu trennen, ist immer emotionaler Natur. Wir unterscheiden dabei gefühlsmäßige
Gründe, die den Kauf rechtfertigen oder die Entscheidung dazu
auslösen, und verstandesmäßige Gründe, die das Gefühl, etwas
kaufen zu wollen, erzeugen.

Kaufgründe, die direkt auf das Gefühl abzielen, sind: **Kaufgründe**

- Der Drang nach Individualität.
- Das Streben nach Besitz.

- Das Bedürfnis wichtig zu sein.
- Der Wunsch attraktiv zu sein. (Jeder Mensch ist eitel!)

Kaufgründe, die über den Verstand ein gutes Gefühl erzeugen, sind:

- Gewinnstreben
- Zeitvorteile
- Notwendigkeiten
- Sicherheit

Schneller, höher, weiter

Die Motive, aus denen sich ein Bedarf ergeben kann, liegen häufig im Streben nach Gewinn, der durch Optimierung der bestehenden Abläufe, aber auch durch Ideen und neue Ansätze erreicht werden kann. Die Möglichkeit, Zeit zu sparen und dadurch wieder mehr Gewinn oder mehr Freiheit zu erlangen, ist eine weitere Basismotivation, um einen Kauf zu tätigen. Eine große Rolle spielt auch das Streben nach Prestige. Alle Menschen sind eitel und auf Anerkennung aus, obwohl dies kaum jemand zugibt. Das Ego braucht seine Streicheleinheiten. Menschen wollen sich von der Masse abheben und etwas Besonderes sein. Der Neid der anderen erzeugt den eigenen Stolz. »Schneller – höher – weiter« heißt die Devise. Jeder versucht, im Rahmen seiner Möglichkeiten besser zu sein als der Rest der Welt oder zumindest als der Nachbar.

Da Menschen ihre Eitelkeit bestreiten, können Sie dieses Motiv vordergründig nicht als Argument für den Verkauf benutzen. Je eitler Ihr Kunde ist, desto mehr würde er dies bestreiten, wenn Sie es schriftlich fixieren. Eitelkeit kann aber durch die Eigenschaften schneller, höher, weiter, besser usw. ersetzt werden. Denken Sie einmal darüber nach, warum *Porsche* in den USA trotz sehr hoher Preise so viele Fahrzeuge verkauft. Die maximal erlaubte Geschwindigkeit auf Autobahnen beträgt dort 90 km/h. Eitelkeit zum Quadrat, nicht mehr und nicht weniger!

Abwechslung

Menschen versuchen, der Langeweile zu entgehen. Es geht uns in der westlichen Welt zu gut, wir leben im Wohlstand und im Überfluss. Die meisten von uns haben viel Zeit, obwohl Ihnen auch das kaum jemand bestätigen wird, weil es nicht schick ist, Zeit zu haben. Menschen sind nicht auf Langeweile programmiert, sie brauchen Beschäftigung. Auch Müßiggänger versuchen ihre Zeit auszufüllen, vielleicht indem sie sich passiv beschäftigen, etwa mit Fernsehen.

Der Drang nach Erlebnissen und Kreativität lässt sich in einer Überflussgesellschaft nur schwer befriedigen. Die Menschen sind unterfordert. Der Spruch aus dem alten Rom »das Volk braucht Brot und Spiele« hat heute noch Gültigkeit. Um der öden Leere zu entkommen, streben die Menschen nach Abwechslung. Diese wird manchmal zur Zwangshandlung, weil auch damit keine Erfüllung zu erreichen ist. Denn der Mensch ist vor allem – und damit sind wir bei dem nächsten Basismotiv – faul. Er verlangt Bequemlichkeit im körperlichen wie im mentalen Sinn. Nehmen Sie ihm jedwede Anstrengung ab – und Sie sind im Geschäft. Auch diese Neigung wird vehement abgestritten. Dennoch ist die menschliche Faulheit die Basis allen Fortschritts und der Grund unserer Entwicklung zur technologischen Gesellschaft.

Sicherheit

Ein ausgesprochen starkes Kauf- und Handlungsmotiv ist der Drang nach Sicherheit. Da es Sicherheit objektiv nicht gibt, wird das Gefühl von Sicherheit gesucht. Dieser Drang bildet seit Jahren die Geschäftsgrundlage von Versicherungsgesellschaften, die sich damit einen Logenplatz in unserem Wirtschaftssystem sichern konnten.

Zeit

Die wichtigste Ressource auf unserem Planeten ist Zeit. Sie ist begrenzt, lässt sich nicht horten, und jeder hat gleich viel davon. Darum strebt der *Homo sapiens* seit Anbeginn seiner Existenz nach Optimierung und Einsparung von Zeit. Da man Zeit nicht festhalten und auch nicht bevorraten kann, geht es um die Art der Nutzung. Man versucht, unangenehmen Tätigkeiten zu entgehen und seine Zeit angenehm zu verbringen, wobei das Angenehme individuell verschieden ist und ausschließlich im Auge des Betrachters liegt. Der Koch ist froh, den Herd hinter sich zu lassen und sich zu Hause seinem Garten zu widmen. Der Gärtner hingegen frönt seiner Leidenschaft als Hobbykoch. Verpflichtungen werden im Allgemeinen als unangenehm empfunden.

Nachdem wir unseren potenziellen Interessenten ausgefragt haben, treffen wir die Entscheidung, ob er als Kunde für uns geeignet ist oder nicht. Können wir seinen Bedarf mit unserem Produkt decken? Falls nein, hat sich jedes weitere Vorgehen erübrigt. Der Interessent wird von der Liste der potenziellen Kunden gestrichen. Nur wenn wir eine Lösung bieten können, machen wir mit dem zweiten Hauptschritt, der Ermittlung des Budgets, weiter.

Machen Sie sich so viele Notizen wie nötig, um die Details des Kundenbedarfs genau zu fixieren. Befinden Sie sich dabei in Gegenwart Ihres Interessenten, bitten Sie zuerst um die Erlaubnis dazu. Ihr Kunde darf nicht den Eindruck bekommen, er befinde sich in einem Verhör, sondern sollte wissen, dass Sie mitschreiben, weil Sie das, was er sagt, wichtig nehmen.

Nicht jeder Kunde ist für uns geeignet, und unser Produkt ist nicht für jeden Kunden geeignet. Mit der beschriebenen Vorgehensweise erkennen wir einen potenziellen Kunden schnell und sparen uns bei ungeeigneten Interessenten die Zeit einer Präsentation.

Teilweise Bedarfsdeckung

Oft ist es so, dass unser Produkt nur eine Teillösung für das Problem des Kunden darstellt. Darüber müssen wir vorab mit ihm sprechen. Denn wenn wir uns mit unserem Interessenten nicht auf die uns mögliche teilweise Bedarfsdeckung einigen können, fällt er selbstverständlich auch heraus.

Manchmal übertreiben Interessenten absichtlich mit ihren Wünschen und gehen davon aus, dass nur ein Teilbereich davon durch das Produkt des Verkäufers gedeckt werden kann. Sie wären zwar mit dieser realistischen Teillösung zufrieden, versuchen aber, durch die erhöhte Forderung die Entscheidungsmacht zu behalten. Sie gehen davon aus, dass der Verkäufer versuchen wird, ihnen die Teillösung schmackhaft zu machen, sie sich aber dem erwarteten Verkaufsdruck dadurch entziehen können, weil nicht alles erfüllt ist. Falls diesem Interessenten das Produkt oder die Teillösung des Problems gut genug gefällt, kann er sich überlegen, ob er es kauft, er muss aber nicht. Da Sie ihm keine hundertprozentige Lösung für seine bewusst übertriebenen Vorstellungen bieten können, sichert er sich Argumente, mit denen er seine eventuelle Entscheidung, nicht zu kaufen oder zumindest nicht sofort zu kaufen, begründen kann.

Deshalb sollten wir den Kunden auf die Übertreibung ansprechen und versuchen, realistische und machbare Ziele mit ihm zu vereinbaren. Da wir uns während der Bedarfsermittlung noch nicht im Verkaufsgespräch befinden, ist die Oppositionshaltung des Kunden noch schwach.

Dies können wir nutzen, um ihn von seinen übertriebenen Forderungen auf das Machbare zu bringen. Würden wir versuchen, dies erst während der Präsentation zu verhandeln, im Glauben, unseren Kunden durch das Produkt überzeugen zu können, verlören wir die Kontrolle. Zu diesem späteren Zeitpunkt wird der Kunde sich seine Nichtkaufargumente nicht mehr nehmen lassen.

Unabhängig davon, ob er zu viel verlangt oder ob wir ihm nicht genug bieten können, brauchen wir die Übereinstimmung seines Bedarfs mit unseren Möglichkeiten. Erst dann geht es weiter! Wenn Sie eine Forderung des Kunden nicht erfüllen können, muss dies während der Bedarfsermittlung und vor der Präsentation besprochen werden. Man darf nicht abwarten, ob er überhaupt kauft, und danach erst versuchen, die Lieferzeit zu verhandeln, wenn der geforderte Zeitpunkt von vornherein nicht machbar ist.

Bitte bedenken Sie, es ist wesentlich schwieriger, die Meinung des potenziellen Käufers zu einem Produkt zu ändern, als die Eigenschaften des Produktes der Kundenmeinung anzugleichen. Auch sollte man beachten, dass die menschliche Psyche eher auf Beständigkeit als auf Veränderung ausgerichtet ist. Verbesserungen und Vorteile sind zwar erwünscht, aber bitte nur, wenn sich dafür möglichst nichts ändern muss. Werden einschneidende Maßnahmen notwendig, um die Wünsche des Kunden zu erfüllen, sollte man schrittweise vorgehen.

Behutsame Veränderungen

Nie zu viel Veränderung auf einmal! Dies gilt besonders für die Fälle, in denen der Verkäufer bereits weiß, dass es notwendig werden wird, vieles neu und anders zu machen, um das Ziel des Kunden vernünftig zu erreichen, während der Kunde dies noch nicht erkannt hat. Sind erhebliche Neuerungen oder gar Systemwechsel erforderlich, wird dies gefühlsmäßig besser verkraftet, wenn sie als notwendige Maßnahmen im Hinblick auf den Erhalt des Status quo dargestellt werden. So paradox es klingt, Menschen sind bereit, alles zu ändern, nur um zu erreichen, dass alles so bleibt, wie es ist. Man würde gerne mit dem Rauchen aufhören – für viele eine erhebliche Lebensumstellung –, nur damit die Gesundheit erhalten bleibt. Der Firmeninhaber würde alles Notwendige ändern, nur um die aktuelle Gewinnsituation beizubehalten. Völker führen Kriege, nur um weiterhin in Frieden leben zu können.

Mit dem Ziel, die aktuelle Situation zu erhalten, können Sie ändern, was Sie wollen. Soweit es machbar ist, sollten erhebliche Veränderungen in kleinstmöglichen Schritten durchgeführt werden. Denn dann ist auch noch der Gewöhnungseffekt auf Ihrer Seite.

Jeder Aufwand – sei dies eine Anstrengung wie zum Beispiel Sport oder Lernen, eine Unbequemlichkeit oder einfach der Umstand, dass man sich von einem Teil seines Geldes trennen muss – wird in Relation zu der erwarteten Freude oder dem dadurch erreichbaren Vorteil gesehen. Nur wenn der subjektiv erwartete Gewinn oder die Freude beziehungsweise ein vermiedener Schmerz größer oder wichtiger erscheint als der Aufwand, gibt das Gefühl grünes Licht für die Veränderung.

Ausschluss-kriterien Nachdem wir genau wissen, was gewünscht wird, fragen wir noch danach, ob es irgendetwas gibt, das auf gar keinen Fall gegeben sein darf. Sie kennen Ihr Produkt, und wenn es irgendetwas gibt, das schon öfter auf Kritik gestoßen ist, fragen Sie jetzt danach, ob das ein störender Faktor ist. Schwierige Punkte müssen stets vorab geklärt werden. Zu diesem Zeitpunkt ist die Abwehrhaltung Ihres Probanden am geringsten, das müssen Sie nutzen. Weisen Sie aber bitte Ihren Kunden nicht auf irgendwelche Nachteile Ihres Produktes hin, die er wahrscheinlich sowieso nicht bemerkt.

Beispiel: Ihr Produkt gibt es nur in roter und schwarzer Farbe und andere Anbieter können mehr Farbausführungen bieten. Fragen Sie: »*Wenn ich es schaffen sollte, alle Ihre Vorstellungen zu erfüllen, welche Farbe wäre Ihnen am angenehmsten?*« Will er Rot oder Schwarz, notieren Sie es und machen weiter. Nennt er eine Farbe, die Sie nicht bieten können, fragen Sie ihn, warum er diese Farbe wünscht und ob er auch mit einer anderen einverstanden wäre. Kommt er selber nicht auf Rot oder Schwarz, fragen Sie ihn danach, ob eine Ihrer Farben für ihn okay ist.

Ungeeignete Interessenten erhalten
- **keine Präsentation des Produktes,**
- **keine weiteren Informationen (über das anfängliche Neugierigmachen hinaus),**
- **keinen Hinweis auf Fehler, die erkannt werden,**
- **keine Beratung!**

Wenn Sie spüren, genügend Probleme des Kunden eruiert zu haben, um einen Verkauf möglich zu machen, können Sie zur Budgetklärung übergehen. Mit fortschreitender Praxis bekommen Sie ein sicheres Gefühl für den richtigen Moment.

Um von der Bedarfsermittlung zur Budgetklärung zu kommen, gehen Sie noch einmal alle Ziele und Wünsche des Kunden mit ihm durch und fassen diese dann zusammen.

Zusammenfassung

Sagen Sie:
Lieber Interessent, lassen Sie mich noch einmal kurz zusammenfassen, um sicherzustellen, dass ich Sie richtig verstanden habe!
Was Sie sich von mir erhoffen, ist die Lösung von dem und dem und dem …

Oder:
Herr Käufer, schauen wir einmal, ob ich alles richtig verstanden habe. Ihr Wunsch ist es, dies und das besser machen zu können.

Oder:
Herr Kunde, ich hoffe, ich habe alles richtig verstanden, Ihr Wunsch / Ihr Ziel ist es …

Darauf muss er mit Ja antworten, ansonsten müssen Sie den Bedarf so lange klären, bis er es tut.

Zeigen Sie ihm seine Situation so auf, wie Ihnen ein Arzt eine Krankheit erklärt. Er muss die Notwendigkeit einer Lösung verstehen und etwas an seiner »Krankheit«, also dem jetzigen Zustand, ändern wollen.

Nachdem Sie die Zustimmung zu der Zusammenfassung bekommen haben, fragen Sie Ihren Probanden, ob etwas vergessen wurde und ob es noch etwas gibt, das ihm am Herzen liegt, worüber noch nicht gesprochen wurde. Dies dient der Absicherung und wird, falls doch noch etwas ist, wie beschrieben behandelt.

Das Budget

Als Budget bezeichnen wir die Menge an Geld, die unser potenzieller Kunde zur Verfügung hat und die er bereit ist, für die Lösung seines Bedarfes zu investieren.

Nachdem wir den Bedarf in Übereinstimmung mit der durch uns machbaren Lösung erarbeitet haben, ermitteln wir die Möglichkeiten und die Bereitschaft unseres Interessenten, dafür zu bezahlen.

Weiterfragen An dieser Stelle wissen wir: Unser Interessent braucht unser Produkt. Das dürfen wir ihm jetzt aber noch nicht sagen, sonst bekommt er vielleicht Angst, (es verkauft zu bekommen). Mit welcher Begründung könnte er nicht kaufen, wenn wir genau das für ihn haben, was er braucht? Deshalb sagen wir immer noch nichts über unser Produkt, sondern fragen weiter.

- *»Gesetzt den Fall, ich würde es schaffen, Ihren Bedarf zu decken, welches Budget haben Sie, ganz grob, dafür eingeplant?«*
  Bitte machen Sie dabei einen gequälten Eindruck, so als ob Sie seine Vorstellungen nur bedingt erfüllen können.

Sie können auch mit einem Zweifel eröffnen:

- *Diese und jene Ihrer Vorstellungen sind durchaus machbar, bei dem und dem müssen wir noch einmal schauen. Gesetzt den Fall, ich würde es schaffen, Ihren Wunsch zu erfüllen, welches Budget hätten Sie, ganz grob, dafür zur Verfügung?*

- *Welche Summe würden Sie denn für sich anlegen / investieren wollen, damit Sie Ihr Ziel erreichen?*
- *Herr Käufer, ich werde mein Bestes tun, um Ihre Wünsche zu erfüllen, dazu habe ich aber noch eine Frage:*
  - *Welchen Betrag haben Sie dafür eingeplant?*
  - *Wo darf der Preis denn liegen?*
  - *Welchen Preis erwarten Sie von mir?*
  - *Welchen Preis haben Sie sich denn vorgestellt?*

Um zu verkaufen, müssen wir unseren potenziellen Käufer dazu bringen, sich von einem Teil seines Geldes zu trennen. Das ist genau das, was ihm bei der Kaufhandlung Schwierigkeiten macht. Deshalb muss das Geld, zumindest rhetorisch, beim Kunden bleiben:

Sich vom Geld trennen

Das Geld niemals wegnehmen, sondern da lassen, wo es ist, nämlich beim Käufer!

Deshalb nicht fragen:

Welchen Betrag …
- *wollen Sie dafür zur Verfügung stellen?*
- *sind Sie bereit auszugeben?*
- *würden Sie dafür bezahlen?*
- *könnten Sie erübrigen?*

Oder noch schlimmer:
Von wie viel Geld könnten Sie sich trennen, ohne dass es wehtut?

Sondern:

Welchen Betrag …
- *wollen Sie für sich anlegen?*
- *könnten Sie in Ihre … investieren?*
- *möchten Sie für sich arbeiten lassen?*
- *haben Sie dafür eingeplant?*
- *ist Ihnen die Erreichung Ihres Zieles wert?*

Wenn Ihr Kunde sagt, er habe noch kein Budget dafür vorgesehen, fragen Sie ihn danach, wie er beabsichtigt, mit dem er-

mittelten Problem / Bedarf zu verfahren. Lassen Sie ihn darauf
kommen, dass er investieren muss. Fragen Sie so lange, bis Sie
wissen, wie viel er für Ihr Produkt bzw. die Lösung seiner Probleme ausgeben kann. Haben Sie keine Angst, diese Frage zu stellen. Viele Verkäufer trauen sich das nicht, aber der Kunde weiß,
es gibt nichts umsonst.

Verschiedene
Preise

Falls es verschiedene Möglichkeiten zu unterschiedlichen Preisen
für die Bedarfsdeckung gibt, fragen Sie danach.

- *Um zu sehen, wie wir Ihren Bedarf decken könnten, müsste ich
  wissen, in welchem Preisrahmen wir uns bewegen können!*
- *Die Investition, um Ihre Wünsche zu erfüllen, sehe ich irgendwo
  zwischen zehn- und zwanzigtausend Euro. Würde Ihnen eine
  Lösung zwischen zehn- und fünfzehn- oder eher zwischen fünf-
  zehn- und zwanzigtausend Euro zusagen?*
- *Man kann Ihr Problem auf günstige und auch auf exklusive Weise
  lösen. Im ersten Fall liegen wir zwischen zehn- und fünfzehn-
  tausend Euro. Mit der exklusiven Variante sind es mindestens
  zwanzigtausend Euro. In welche Richtung tendieren Sie?*

Preisverhandlungen bitte immer von oben nach unten führen
und nicht umgekehrt. Das heißt für den Verkäufer, den Preisrahmen erst einmal hoch anzusetzen und dem Kunden entgegenzu-
kommen, ist besser, als ausgehend von einem niedrigen Basispreis
zuzüglich Aufschlag und Aufpreis und Extra etc. immer teurer zu
werden. Dabei ist zu beachten, dass der Ausgangsbetrag realistisch
sein sollte. Der Kunde merkt, wenn Sie ihm Mondpreise nennen,
nur damit Sie reduzieren können.

Rabatte

Müssen Sie, weil es in Ihrer Branche so üblich ist, Rabatte geben
und Nachlässe gewähren, sollten Sie unbedingt versuchen, dafür
auch Zugeständnisse vom Käufer zu erhalten, besonders dann,
wenn Sie versuchen, über den Preis zu verkaufen. Wenn das Ziel
nur der niedrige Preis ist, weil die Produkte zu ähnlich oder sogar
gleich sind, es deshalb nicht um eine bessere Lösung geht und
Sie auch sonst keine entscheidenden Vorteile bieten können, verlangen Sie höhere Abnahmemengen, den Abschluss eines Rah-
men- oder Servicevertrages, schnelle Bezahlung oder irgendetwas
anderes, damit der Abschluss im Gleichgewicht bleibt.

Wenn Sie zu schnell bereit sind, Preiszugeständnisse zu machen, wird Ihr neuer Kunde versuchen, noch bessere Konditionen aus Ihnen herauszuholen. So lange Sie Preiszugeständnisse machen, wird der Käufer versuchen, Sie weiter in seine Richtung zu bewegen. Dadurch können Sie leicht in die Rabattspirale geraten.

Wichtig ist auch, sich vor dem Termin genau zu überlegen und festzusetzen, wie weit man bei der Preisverhandlung geht. Das stabilisiert Ihre Position, weil Sie die Verhandlungen eindeutiger und klarer führen, als wenn Sie ständig überlegen, ob eine weitere Reduzierung noch im Rahmen des Möglichen liegt und ob Sie diesen Preis überhaupt akzeptieren wollen und sollten. Der Kunde versucht immer, den besten Preis zu bekommen, und wenn er eine Unsicherheit bemerkt, wird er das ausnutzen.

Lapidare Aussagen des Klienten zum Preis sind nicht akzeptabel. Gerade wenn er sagt: »*Machen Sie sich ums Bezahlen keine Sorgen*«, sollten Sie alarmiert sein. Egal wie Sie fragen, Sie brauchen eine Summe oder einen Preisrahmen! Bohren Sie so lange, bis Sie brauchbare Zahlen haben.

Preisrahmen des Kunden

Da wir danach fragen, was unser Kunde auszugeben bereit ist, und nicht einfach einen Preis nennen, vermeiden wir Preisdiskussionen an dieser Stelle. Ihr Klient ist es gewohnt, den Preis zu drücken, indem er Sie mit einem Abschluss lockt. Deshalb ist es effektiver, den Preisrahmen vor der Präsentation festzulegen, um sich eventuell später nur noch auf kleine Nachlässe innerhalb der Budgetvorgabe einlassen zu müssen.

Haben wir eine Zahl oder eine preisliche Zielrichtung erhalten, kommt es nun darauf an, ob diese zu unserer Vorstellung des Verkaufspreises passt oder nicht. Bestenfalls liegt das Budget des Kunden im Rahmen unserer Möglichkeiten. *Dann ist es wieder ausgesprochen wichtig, den Kunden das nicht merken zu lassen!*

Liegt seine Preisvorstellung zu niedrig, müssen wir danach fragen, unter welchen Umständen der Kunde bereit wäre, mehr zu bezahlen. Gegebenenfalls können wir bei unserem Produkt etwas abspecken. Wenn eine einfachere Ausführung einen der ermittelten Wünsche dann nicht mehr erfüllt, muss dies jetzt klargestellt und besprochen werden. Ein Käufer überschreitet sein maximales Budget nur, wenn er nachvollziehbare Gründe und einen entsprechenden Vorteil bekommt.

Will der Kunde mehr Geld ausgeben, als für unsere Lösung notwendig ist, dürfen wir uns auch das nicht anmerken lassen. Damit er unsere Gedanken nicht errät, versuchen Sie sich vorzustellen, der Preisrahmen sei zu niedrig, und fragen danach, ob er vielleicht auch bereit wäre, einen etwas höheren Preis zu bezahlen, falls ihm das Produkt, die Lösung besonders gut gefällt.

Beantworten Sie nicht die Frage des Kunden nach dem Preis! Außer wenn er die Frage zweimal hintereinander stellt, und zwar identisch formuliert. In diesem Fall müssen Sie unbedingt eine Einigung über den Preis erzielen. Denken Sie daran, Ihr Kunde hat das Produkt noch nicht gesehen.

Wenn Sie sich über den Preisrahmen nicht einigen können, ist an dieser Stelle Schluss. Das heißt, der Interessent wurde nicht qualifiziert und es finden keine weiteren Verkaufsbemühungen statt. Bitte versuchen Sie nicht, noch schnell eine Präsentation zu machen, um damit eventuell die Kundenvorstellung zum Preis zu ändern.

Verabschieden Sie sich, indem Sie Ihrem Probanden sagen, seine Preisvorstellung liegt nicht in Ihren Möglichkeiten und es macht deshalb wenig Sinn, ihm Ihre Lösung seines Problems zu präsentieren. Da er das so nicht gewohnt ist, könnte es sein, dass er noch einlenkt.

Bereitschaft zu zahlen Im Allgemeinen haben wir einen groben Budgetrahmen, in den unser Preis passt, ohne dass der Kunde das genau weiß. Jetzt müssen wir nur noch herausfinden, wie und wann unser Kunde bereit ist, zu bezahlen. Und auch das geht ganz einfach durch Fragen.

• *Lieber Interessent, gesetzt den Fall, wir kommen zusammen und Sie entscheiden sich, mein Kunde zu werden* (bitte nicht: *mein Produkt zu kaufen*, denn das kennt er ja noch gar nicht!), *wie haben Sie sich die Bezahlung vorgestellt?*

- *Herr Kunde, gesetzt den Fall, Sie entscheiden sich, von mir zu kaufen, unsere Zahlungsbedingungen sind so und so, ist das in Ordnung für Sie?*
- *Wenn wir zusammenarbeiten sollten, lieber Käufer, das sage ich Ihnen besser vorweg, brauche ich einen Scheck über 5000,– Euro als Anzahlung, um den Auftrag weitergeben zu können. Ich weiß nicht, ob wir zusammenarbeiten werden, aber ist das machbar für Sie?*

Es kommt natürlich auch darauf an, was Sie wem und wo verkaufen. Wenn der Kunde sofort zahlen soll, fragen Sie ihn, ob er seine Kreditkarte oder so viel Bargeld dabei hat. Die Zahlungsbedingungen müssen genau festgelegt werden. Es könnte sein, dass der Bedarf vorhanden ist, das Budget dafür aber erst in einem Jahr zur Verfügung steht. Dann sollten Sie die Präsentation und den Verkauf Ihres Produktes bis dahin verschieben.

Zahlungs-bedingungen festlegen

Eine Präsentation darf erst erfolgen, wenn wir wissen, wer, wann, wie viel und wie für unser Produkt bezahlt. Warum sollten Sie sich die Mühe einer Präsentation machen, wenn Ihr Proband sich das Produkt überhaupt nicht leisten kann? Auch wenn Sie darum kämpfen müssen: Sie brauchen ein Budget!

Tut sich der Käufer schwer damit, Ihnen die Information zu seinen Preisvorstellungen zu geben, leiden Sie mit ihm. Sagen Sie, was Sie fühlen, haben Sie Verständnis für seine Qual, aber nageln Sie Ihr Geld fest, bevor Sie weitergehen.

Bevor wir unser Produkt zeigen, unsere Lösung vorstellen, führen wir das Preisgespräch. Da es der Kunde hier nicht erwartet, können wir viel entspannter vorgehen. Wie häufig sind Sie schon am Preis gescheitert?

Vorsicht ist geboten, wenn die Preisvorstellung des Interessenten weit ab von Ihrer Realität liegt. Meistens gab es dann ein unbemerktes Missverständnis bei der Bedarfsermittlung. Sie meinten die ganze Zeit die Ausführung in Sterlingsilber, Ihr Proband glaubte, man spräche von Platin, weil er das gar nicht anders kennt. Dann bitte zurück zur Erarbeitung der Wünsche und zur Bedarfsklärung!

Je mehr Sie um den Preis kämpfen müssen, desto schlechter ist die Bedarfsermittlung gelaufen. Wenn Sie es schaffen, während der Erarbeitung der Ziele und Wünsche Emotionen zu wecken und damit einen dringenden Bedarf aufzudecken, haben Sie es einfach bei der Budgetklärung.

Die Lage war für ein paar Minuten ernst, weil Sie mit Ihrem Kunden über Geld gesprochen haben. Dabei hat Ihr Kunde das Gespräch über seinen Bedarf völlig vergessen. Sie haben seine Gedanken von einem wünschenswerten Ziel auf sein Geld gelenkt. Deswegen müssen wir ihm sein Problem noch einmal klarmachen. Er muss verstehen, warum er sein Geld ausgeben soll.

Zusammenfassung *»Lieber Kunde, um sicherzugehen, dass ich Sie genau verstanden habe, fasse ich noch einmal zusammen. Sie hoffen, dass ich Ihr Problem eins, zwei und drei, die Voraussetzung XYZ ist dabei erfüllt, für soundso viel Euro löse. Ich weiß noch nicht, ob das so machbar ist, aber es ist genau das, was Sie von mir erwarten?«*

Auch hier muss ein klares Ja kommen. Nur dann ist der Kunde qualifiziert, nur dann geht es weiter zur Entscheidungsfindung.

Die Entscheidung klären

Jetzt wissen Sie exakt, was Ihr Kunde will, dass er sich Ihr Produkt leisten kann und wie er bezahlen möchte. Im nächsten Schritt finden Sie heraus, wie er sich entscheidet, und treffen eine Vereinbarung mit ihm darüber.

Wenn wir die Fäden während des Verkaufsvorganges in unseren Händen halten wollen, müssen wir, um die Kontrolle zu behalten, bei der Entscheidung zugegen sein.

Bei der Entscheidung anwesend sein

> **Bei der Entscheidungsklärung stellen Sie fest, wer an der Entscheidung beteiligt ist, wie die Entscheidung getroffen wird und wie lange die Entscheidungsfindung dauert.**

Nachdem Sie den Entscheidungsvorgang in allen Einzelheiten geklärt und mit dem oder den Entscheidern eine klare Abmachung darüber getroffen haben, sollten Sie nie mehr hören:

- *Das muss ich noch mit meinem Vorgesetzten besprechen, wir melden uns dann bei Ihnen!*
- *Das muss ich mir überlegen!*
- *Darüber muss ich eine Nacht schlafen!*
- *Dazu muss ich erst meinen Steuerberater befragen!*

Entscheidungsschwäche überwinden

Alle Menschen sind Entscheidungsschwächlinge, Sie und mich eingeschlossen! Denken Sie bitte einmal kurz darüber nach, wie lange Sie im Allgemeinen brauchen, um im Restaurant Ihr Gericht auszusuchen. Aus Angst, eine schlechte Wahl zu treffen, überlegen wir hin und her, oder? Wie man schnelle Entscheidungen trifft, haben wir nicht gelernt, vielmehr wurde uns Angst davor gemacht, falsche Entscheidungen bereuen zu müssen.

Manager in den USA trainieren Entscheidungsstärke auch im Restaurant. Versuchen Sie einmal, bei Ihrem nächsten Essen in einem Ihnen unbekannten Restaurant eine schnelle Entscheidung zu treffen, und legen Sie die Speisekarte nach 30 Sekunden aus der Hand. Obwohl es um nichts geht und obwohl Sie auf der Karte nicht sehen können, welches Gericht in diesem Haus das beste ist, könnte es sein, dass Sie sich dabei unwohl fühlen.

Aus Angst, eine falsche Entscheidung zu treffen, tun wir uns so schwer damit. Wir wollen möglichst das Richtige tun und versuchen, dies durch Abwägen des Für und Wider und durch Überprüfung der Fakten zu erreichen. Wenn dieser Vorgang zu komplex oder die Angst, einen Fehler zu begehen, zu groß ist, kommen die berühmten Worte, die den Verkäufer aller Macht berauben: »Das muss ich mir überlegen!«

Sinkende Chancen Wer sich damit zufriedengibt, hängt in der Luft. Sie wissen nicht, ob Sie gewonnen oder verloren haben. Je mehr Zeit vergeht, desto geringer wird die Chance für den Abschluss. Die Hoffnung hingegen, den Vertrag doch noch zu schreiben, wächst. Umso herber ist dann die Enttäuschung, wenn es doch nicht zum Vertragsabschluss kommt. Kennen Sie das? *»Eigentlich lief es ja ganz gut, warum hat er sich trotzdem noch nicht gemeldet? Warum ruft er nicht zurück? Sollte ich ihn noch mal anrufen? Wenn ja, wann?«*

Die Ungewissheit und die dadurch entstehenden ambivalenten Gefühle und Gedanken kosten viel zu viel Energie. Außerdem lernen Sie zu langsam, ob oder was Sie eventuell falsch gemacht haben, und das ist noch viel schlimmer.

Verkaufsgespräche sind komplex und können dauern. Wenn Sie am Ende des Verkaufsprozesses wissen, ob Sie erfolgreich waren oder nicht, ist das Ganze noch so präsent, dass Sie ein Gefühl dafür entwickeln können, warum es so gelaufen ist. Das schaffen Sie mehrere Tage und mehrere Verkaufsgespräche (mit anderen Kunden) später nicht mehr.

Eine Vereinbarung treffen

Schon vor der Produktpräsentation nach der Entscheidung gefragt zu werden, hat der Interessent selten bis nie erlebt. Das ist unsere Chance, eine Vereinbarung darüber zu erreichen, wie dies gehandhabt werden soll, damit beide Parteien zufrieden sind. Das Gute ist, der Kunde weiß nicht, dass er ein Entscheidungsschwächling ist – er nimmt von sich das Gegenteil an! Auch die Entscheidungsklärung wird, wie kann es auch anders sein, durch eine Frage eingeleitet.

Fragen Sie:
Herr Käufer, nach welchen Kriterien treffen Sie Ihre Kaufentscheidungen?

Entscheidungsklärung

Oder:
Herr Käufer, was muss gegeben sein, damit Sie eine Entscheidung treffen können, ob Sie das Produkt haben wollen oder nicht?

Oder:
Herr Käufer, nehmen wir einmal an, ich kann Ihnen Ihr Problem genau so lösen, wie Sie es sich vorstellen, und nehmen wir weiter an, dass Ihnen die Lösung gefällt und Sie die nötige Investition tätigen wollen und können. Wie schnell erwarten Sie die Lösung / Lieferung von mir?

Die Antwort ist meistens:
So schnell wie möglich!

Niemand wartet gerne, wenn er nicht muss. Kommt diese Antwort, sollten Sie Ihren Kunden darauf festnageln. Je nach Fall können Sie sagen:

* *Wenn das so ist, nehme ich an, dass Sie sich schnell entscheiden werden, ob mein Produkt das Richtige für Sie ist, damit Sie keine Zeit verlieren?*

Wird Ihre Frage bejaht, klären Sie noch, was »schnell« für den Kunden heißt.

Oder Sie fragen direkt danach, ob Ihr Proband es schafft, eine klare Entscheidung zu treffen, wenn alles geklärt ist und alle seine Fragen beantwortet sind.

Alternativ können Sie ihn fragen, was er glaubt, was Sie von ihm erwarten, wenn ihm Ihre Lösung gefällt, er sie sich leisten kann und alle Fragen zu seiner vollen Zufriedenheit geklärt sind. Meistens sagt er dann so etwas wie:

- *Dass ich Ihr Kunde werde?*
- *Dass ich dann kaufe?*
- *Dass ich einen Vertrag unterschreibe?*

Oder so ähnlich. Nehmen Sie dann den Druck heraus und sagen Sie:

- *Das wäre sehr schön, aber erst einmal erwarte ich von Ihnen, wenn Sie alles verstanden haben und alle Fragen geklärt sind, dass Sie mir klar sagen, ob das etwas für Sie ist oder nicht. Ist das okay für Sie?*

Dazu erhalten Sie fast immer eine Zustimmung, die Sie dann noch einmal zur Bestätigung und Festigung wiederholen sollten.

- *Das heißt, wenn Ihnen alles klar ist, schaffen Sie es, eine klare Entscheidung zu treffen! Das freut mich, ich arbeite gerne mit Entscheidern zusammen!*

Nach der Präsentation entscheiden Dem Entscheidungsträger muss klar sein, dass er sich entscheiden muss, nachdem Sie Ihre Präsentation gemacht haben. Unabhängig davon, wann die Präsentation stattfindet, muss der Käufer sich genau danach entscheiden. Er darf Ja sagen, er darf Nein sagen, aber er darf nicht sagen: *»Das muss ich mir überlegen!«* Falls Sie Zweifel daran haben, ob er die Entscheidung auch wirklich trifft, sollten Sie es sich noch einmal bestätigen lassen.

Lieber Interessent, wenn ich Ihnen mein Produkt vorstelle / meine Idee präsentiere / Ihnen die Lösung Ihres Problems zeige, brauche ich an dem Tag, an dem ich meine Präsentation mache, aus den und den Gründen eine Entscheidung von Ihnen. Wenn Sie das Produkt / die Idee / die Lösung kennen und es Ihnen gefällt, sagen Sie bitte Ja, darüber würde ich mich freuen. Wenn es Ihnen nicht gefällt, sagen Sie bitte Nein. Das werde ich akzeptieren, (aber sagen Sie bitte nicht, Sie müssen sich die Sache noch überlegen, das akzeptiere ich nicht!). Können wir uns darauf einigen?

Wenn er Nein sagt, kämpfen Sie so lange darum, bis er zustimmt. Ohne ein klares »Ja« zur Entscheidung sollten Sie das Gespräch beenden. Der Interessent erhält keine Vorführung, keine Information, keine Präsentation, keine Lösung seiner Probleme! Die in Klammern stehende Formulierung ist zwar die eindeutigste, kann aber zu Diskussionen führen, was zu Beginn der Verhandlungen vermieden werden sollte.

Die Vereinbarung, eine Entscheidung nach der Präsentation zu erhalten, muss mehrmals wiederholt werden. Dadurch verstärkt sie sich automatisch und gibt uns die Möglichkeit, ganz vorsichtig die Formulierung zu verstärken. Indem eine Forderung schrittweise, mit kaum spürbarer Steigerung, erhöht wird, kann eine Akzeptanz erreicht werden, die ansonsten eventuell verweigert worden wäre. Wichtig ist, dass darüber grundsätzliches Einvernehmen besteht und dass die Zusage vor der Präsentation noch einmal deutlich bestätigt wird.

Den Entscheidungszwang rechtfertigen

Überlegen Sie sich ein paar Argumente, die den Entscheidungszwang rechtfertigen. Die Notwendigkeit der sofortigen Entscheidung sollte erklärt und begründet werden. Sie lässt sich zum Beispiel durch ein knappes Angebot, einen Sonderpreis, einen Restposten, lange Lieferzeiten etc. plausibel machen. Die Erklärung muss nichts mit den wirklichen Gegebenheiten zu tun haben, aber sie muss für den Kunden logisch klingen und nachvollziehbar sein.

Während meiner Tätigkeit in der Finanzdienstleistung habe ich meinem Kunden meistens erklärt, dass ich durch seine sofortige Entscheidung keinen zweiten Termin mit ihm wahrnehmen muss, somit doppelt so viele Kundengespräche führen kann und ihm ge-

Zögern bringt nichts

rade deshalb diese außergewöhnliche Dienstleistung bieten kann. Außerdem hatte ich ihm vorher aufgezeigt, dass langes Zögern und »darüber Schlafen« nichts bringt. Meine Kunden hatten in der Vergangenheit zum Teil schlechte Entscheidungen getroffen, obwohl sie lange darüber nachgedacht hatten. Bei solchen dem Sinn nach provokanten Aussagen sollten Sie eine ausgesprochen devote Haltung einnehmen, um nicht rechthaberisch zu klingen. Konfrontationen sind während des Verkaufsgesprächs grundsätzlich zu vermeiden!

Manchmal haben wir bei Wackelkandidaten den Druck noch einmal erhöht. Nachdem wir die Zusage zur Entscheidung hatten, wurde der Interessent dafür gelobt und ihm klargemacht, dass wir auch nichts anderes von ihm erwartet hätten, weil wir uns für unentschlossene Kunden – die uns arbeiten lassen, ohne sich zu entscheiden – sowieso keine Zeit nehmen. Und wir wären froh, dass er ein Entscheider ist, der uns klar sagen wird, ob er das Produkt will oder auch nicht. Dann haben wir mit der Präsentation begonnen.

Ganz wichtig dabei ist es, dem Kunden die Möglichkeit offenzulassen, Nein sagen zu dürfen. Denn mit einem Nein kann man arbeiten und den Grund dafür herausfinden, um dann den Verkauf doch noch zu realisieren. Nur die Aussage »*muss ich mir überlegen*« lässt einen in der Luft hängen, weil sie keine Angriffsfläche bietet. Dann weiß man nicht, wo man steht, ob es dem Interessenten wirklich nicht gefallen hat, er nur etwas falsch verstanden hat oder ob er sich einfach nicht traut, eine Entscheidung zu treffen. Das Letztere ist meistens der Grund.

Ein klares Nein ist besser als die Aussage: »Das muss ich mir noch überlegen«!

Argumente für eine sofortige Entscheidung

- *Nach der Präsentation, wenn alle Fragen geklärt sind, wissen Sie alles, was Sie für eine vernünftige Entscheidung benötigen. Einen oder zwei Tage später haben Sie, wissenschaftlichen Erkenntnissen zufolge, viele Informationen bereits wieder vergessen. Wann ist es sinnvoll, eine Entscheidung zu treffen? Wenn man viel über eine Sache weiß oder wenn man wenig weiß?*

- *Leider habe ich keine Zeit, mit jedem Kunden zwei Beratungs-gespräche zu führen, dann müsste ich viel teurer werden und könnte Ihnen kein so günstiges Angebot machen!*
- *Das Produkt ist kontingentiert, das Angebot ist sehr begrenzt!*
- *Der Preis ist für kurze Zeit herabgesetzt!*
- *Noch kann ich Ihnen den alten Preis bieten!*
- *Ich habe ein ungebrauchtes Musterstück, da könnte ich Ihnen einen tollen Preis machen!*
- *Ich werde Ihnen die von Ihnen gewünschte Lieferzeit fest zusa-gen, wenn Sie mir im Gegenzug nach der Präsentation sagen, ob Sie bestellen wollen!*

Nach jedem Argument fragen wir wieder nach der Entscheidung und was gegeben sein muss, damit der Interessent eine Entschei-dung treffen kann.

- *Irgendwann treffen Sie sowieso eine Entscheidung darüber, ob Sie mein Kunde werden wollen oder nicht. Was spricht denn dagegen, dies dann zu tun, wenn Sie alles genau verstanden haben und alle Fragen zu Ihrer vollen Zufriedenheit geklärt sind?*
- *Wenn ich mein Produkt vorgestellt habe, sagen mir einige Kun-den nicht, ob es ihnen gefällt oder auch nicht gefällt, sondern dass sie es sich noch überlegen müssen, ob sie es kaufen wollen. Manchmal haben diese Menschen noch nicht genug Informati-onen, um eine Entscheidung treffen zu können. Das war dann mein Fehler und den möchte ich vermeiden. Oder aber diese Leute sind zu höflich, um mir zu sagen, sie wollen gar nicht kaufen. Können wir vereinbaren, dass Sie es mir sagen werden, falls Ihnen mein Produkt nicht zusagt? Können wir auch noch vereinbaren, dass Sie es mir sagen, wenn Sie noch unschlüssig sind, damit ich Ihnen weitere Informationen geben kann, bis Sie sich sicher sind?*

Was bleibt, wenn man nur noch »Nein, weil« oder »Ich brauche noch mehr Informationen, um sicher zu sein« sagen darf? Nichts! Nur merkt das der Kunde bei dieser Variante nicht so schnell.

- *Ich bin heute zu Ihnen gekommen, weil Sie festgestellt haben, dass Ihre Lösung für das Problem nicht die richtige ist. Wie lange*

*haben Sie darüber nachgedacht, bevor Sie sich damals dafür ent-
schieden haben? Sehen Sie, das Hinauszögern der Entscheidung
hat Ihnen keinen Vorteil gebracht. Wollen Sie es einmal anders
versuchen?*

Entscheidungsbefugte ermitteln

Zunächst ist es wichtig, in Erfahrung zu bringen, wer eine Entscheidung treffen darf und wer an der Kaufentscheidung beteiligt
sein wird. Nicht zur Entscheidung Befugte können nur Nein oder
»eventuell« sagen, aber niemals Ja. Glauben Sie keinem Ehemann,
er könne eine größere Entscheidung ohne seine Frau treffen,
wenn es sich nicht um den Kauf eines Geschenkes für die Gattin
handelt. Selbst wenn der Manager mit der Putzfrau verheiratet
ist, braucht er ihr zustimmendes Nicken, auch wenn sie keine
Ahnung hat von dem, was da angeschafft oder gemacht werden
soll. Er will eine eventuelle Fehlentscheidung nicht alleine getroffen haben.

Das Gleiche gilt in Firmen. Der Sachbearbeiter benötigt womög-
lich die Zustimmung des Vorgesetzten oder dieser das einverständ-
liche Nicken des Untergebenen, weil er mit dem neuen Produkt
umgehen muss.

Wie und Wer Fragen Sie zuerst nach dem Wie, dann nach dem Wer: *»Wie wird
in Ihrer Firma eine Entscheidung getroffen, wenn Sie ein solches Produkt anschaffen wollen?«* Sie erhalten Informationen. Fragen Sie
weiter.

> • *Herr Käufer, gibt es außer Ihnen noch jemand, der seine Zustim-
> mung zu einer solchen Investition geben muss?*

Wenn er darauf antwortet, er könne das alleine entscheiden,
entspricht das häufig nicht den Tatsachen. Haken Sie unbedingt
nach!

> • *Heißt das, Sie bekommen keine Hilfe? Dass Sie niemanden um
> seine Meinung fragen sollten?*

Lenkt er dann ein und sagt Ihnen, natürlich müsse er mit dem Vorgesetzten, dem Sachbearbeiter, der Technikabteilung oder dem Chef Rücksprache halten, bevor er die Entscheidung treffen kann, sprechen Sie mit ihm darüber!

Alle Entscheidungsträger herausfinden

Versuchen Sie alles, um sämtliche Entscheidungsträger bei der Präsentation anwesend zu haben. Lassen Sie sich nicht darauf ein, dass Sie dem Käufer Ihr Produkt erst einmal vorführen, damit er die Informationen weitergeben kann. Wenn Sie nicht mit allen Entscheidungsträgern persönlich sprechen können, geben Sie die Kontrolle über den Verkauf aus der Hand!

KUNDE: *Ja, zuerst muss ich natürlich die Zustimmung von der Geschäftsleitung einholen.*

SIE: *Wie genau machen Sie das?*

KUNDE: *Ich lasse mir einen Termin geben, stelle Ihr Produkt vor und spreche eine Empfehlung aus.*

SIE: *Muss bei der Präsentation, außer der Geschäftsleitung, noch jemand anwesend sein?*

KUNDE: *Ja, wahrscheinlich noch der technische Leiter.*

SIE: *Begleite ich Sie, wenn Sie das Produkt vorstellen?*

KUNDE: *Nein, das ist nicht nötig, das schaffe ich schon alleine. Ich werde denen das schon verkaufen!*

SIE: *Und wenn man Ihnen Fragen stellt, die Sie nicht beantworten können?*

KUNDE: *Damit komme ich schon zurecht!*

SIE: *Ich habe eine Idee! Wir setzen uns für ein paar Stunden zusammen und ich erkläre Ihnen alle Einzelheiten, ich habe über 20 Jahre Erfahrung. (Ihre Idee darf nicht wirklich durchführbar sein, aber auch nicht zu übertrieben klingen!)*

Zeigen Sie Ihrem Kunden, wie unangenehm es für ihn werden kann ohne Ihre Hilfe. Wenn Sie ihn so nicht herumkriegen, werden Sie etwas aggressiver!

SIE: *Gibt es irgendein Firmengeheimnis, das ich nicht sehen darf, oder warum nehmen Sie mich nicht mit zur Präsentation? Ich könnte Ihnen helfen, ich könnte Ihnen nützlich sein, ich berechne nichts dafür. Helfen Sie mir bitte, das zu verstehen!*

Vertrauen Sie niemandem, bevor Sie nicht den Vertrag in der Tasche haben! Immer, wenn Sie sich während des Verkaufs zu sicher fühlen, läuft etwas schief. Sie bekommen nichts geschenkt!

Alle Entscheidungs- Alle an der Entscheidung beteiligten Personen müssen bei der
träger anwesend? Präsentation anwesend sein! Fragen Sie nach diesen Personen. Sind anscheinend alle Entscheidungsträger anwesend, versichern Sie sich und fragen, ob sonst noch jemand benötigt wird, um eine Entscheidung treffen zu können. Wenn Sie aus Erfahrung wissen, wer im Allgemeinen anwesend sein sollte, fragen Sie ausnahmsweise suggestiv:

- *Diese Entscheidung treffen Sie doch sicher nicht alleine, wer hilft Ihnen, eine solche Entscheidung zu treffen?*
- *Wer muss außer Ihnen noch zustimmen, wenn Sie eine Entscheidung getroffen haben?*
- *Macht es Sinn, Ihren Vorgesetzten bei der Präsentation dabei zu haben?*

Oder Sie bestimmen es einfach!

SIE: *Ihr Chef muss Ihrer Entscheidung ja bestimmt zustimmen. Können wir ihn kurz fragen, wann er für die Präsentation Zeit hat?*
KUNDE: *Zeigen Sie mir doch erst mal, was Sie haben.*
SIE: *Brauchen Sie die Einwilligung Ihres Chefs denn nicht?*
KUNDE: *Schon, aber Sie können mir das Produkt ja erst einmal vorstellen, und ich informiere dann meinen Chef.*
SIE: *Wenn wir Ihren Chef brauchen, will er doch bestimmt genaue Informationen?*
KUNDE: *Ja, das mache ich dann schon.*
SIE: *Es ist viel einfacher für Sie, wenn ich die Präsentation mit Ihnen zusammen mache. Wie können wir Ihren Chef denn erreichen?*

Wenn es erforderlich ist, kämpfen Sie um Ihren Weg zu den Entscheidern. Geben Sie die Kontrolle nicht aus der Hand!

Falls Sie Zweifel daran haben oder von vornherein wissen, dass die Entscheidung nicht alleine getroffen wird oder werden darf, bohren Sie so lange nach, bis Sie die Beteiligten herausgefunden haben, egal was Ihnen versichert wird.

Lassen Sie sich auch nicht darauf ein, das Produkt erst einmal vorzustellen, damit Ihr Proband es anschließend den anderen Entscheidungsträgern präsentieren kann. Geben Sie Ihren Verkauf niemals aus der Hand! Sie können damit argumentieren, dass Sie drei bis vier Wochen tägliches Training geben müssten, damit er das Produkt einigermaßen vorführen kann. Oder dass er nicht alle Fragen der Mitentscheider beantworten kann. Und dabei stellen Sie immer Fragen nach dem Motto: »*Was würden Sie antworten, wenn man Sie Folgendes fragt?*« »*Wollen Sie in die Situation kommen, dass Sie Fragen nicht beantworten können oder Fehler machen?*«

Falls es notwendig ist und es Ihr Verdienst zulässt, können Sie Ihr Produkt den jeweiligen Entscheidungsträgern oder Gruppen auch gesondert vorführen. Ihr Abschluss ist dann eine Empfehlung an die nächsthöhere Instanz, Sie anzuhören.

Vermeiden Sie es, vor der Präsentation Muster zu zeigen oder Prospekte dazulassen. Jede Vorabinformation kann dazu benutzt werden, Ihnen das Leben schwer zu machen.

Ist es in Ihrer Branche nicht möglich, eine sofortige Entscheidung zu erreichen, müssen Sie die genauen Daten des Entscheidungsprozesses in Erfahrung bringen, also: Wer entscheidet – diese Personen sollten alle bei Ihrer Präsentation anwesend sein –, wie wird entschieden und, ganz besonders, wann wird die Entscheidung getroffen?

Vereinbaren Sie ein festes Datum und eine Uhrzeit, zu der Sie ein klares Ja oder Nein erhalten. Bis dahin brauchen Sie sich zumindest keine Gedanken mehr über Ihren Verkauf zu machen.

Wenn auch nur die geringste Chance besteht, eine sofortige Zu- oder Absage zu bekommen, kämpfen Sie darum, es lohnt sich sehr!

Ein Ja ist noch kein Ja! Nur weil der Käufer ein klares Ja zur Entscheidung gegeben hat, ist das Spiel noch nicht gewonnen. Trauen Sie ihm nicht. Es kann gut sein, dass er im entscheidenden Moment doch noch einen Rückzieher macht. Um sein Ja zu festigen und damit die Einhaltung der Zusage zu gewährleisten, muss er es mindestens fünf- oder sechsmal bestätigen. Erst wenn sein Unterbewusstsein das Ja akzeptiert hat, haben Sie ihn. Loben Sie sein Ja. Sagen Sie:

Gut, das habe ich von Ihnen auch nicht anders erwartet. Sie haben gleich den Eindruck bei mir gemacht, dass Sie ein Entscheider sind! (Bauen Sie ihn auf.)

Ich werde Ihnen alles so lange und ausführlich erklären, wie Sie möchten. Wir werden alles gemeinsam prüfen und vergleichen, bis Sie alle Informationen haben, um eine vernünftige Entscheidung treffen zu können. Und wenn Sie alles verstanden haben und alle Ihre Fragen geklärt sind, erwarte ich ein klares Ja, sofern es Ihnen gefällt, und ein klares Nein, wenn Ihnen mein Angebot nicht gefällt. Ist das okay für Sie?

Das muss der Käufer abermals bestätigen, mindestens mit zustimmendem Nicken. Holen Sie sich seine Zusage zu dieser Vereinbarung so oft wie möglich! Falls Sie mehrere Termine benötigen, sollte das mindestens zweimal bei jedem Treffen geschehen. Und holen Sie sich das Okay zur Entscheidung auf jeden Fall noch einmal, bevor Sie Ihre Präsentation beginnen.

Seien Sie konsequent und denken Sie daran:

Sie können nichts verlieren, was Sie noch gar nicht haben!

Warum eine sofortige Entscheidung wichtig ist

Höhere Konzentration bei der Präsentation Welche grundsätzlichen Vorteile bietet es, wenn der Käufer weiß, dass er sich entscheiden muss? Auf Grund der Vereinbarung, sich nach der Präsentation zu entscheiden, passt Ihr Kunde besser auf. Er konzentriert sich auf das, was Sie ihm zeigen, und stellt alle Fragen, die für ihn wichtig sind. Wer sich entscheiden muss, wird ernst.

Mit Interessenten, die sehr entscheidungsschwach sind, ist es schwierig, einen Abschluss zu erreichen. Sie kosten enorm viel Energie und Zeit, in der man mehrere andere Verkäufe hätte durchführen können. Und wenn sie letztendlich doch nicht kaufen, liegt das oft nicht am Produkt oder am Verkäufer, sondern nur an dem Unvermögen des Interessenten, eine Entscheidung zu treffen. Solche Problemfälle sortieren sich bei der Klärung der Entscheidung von selbst aus. Sie ersparen sich unnötige Präsentationen und Energievergeudung für das Hinterherlaufen.

Außerdem ist es einfacher, vorab über die Entscheidung zu sprechen, weil der Käufer es nicht gewohnt ist und weniger Gegenwehr leistet als nach der Präsentation. Ihr Kunde glaubt nicht, dass er entscheidungsschwach ist. Er denkt: »*Okay, wenn es mir nicht gefällt, kann ich Nein sagen.*« Dass er damit, sich zu entscheiden, ein Problem hat, merkt er erst dann, wenn es schon zu spät ist.

Wenn Sie genau wissen, was Ihr Interessent braucht; wenn Sie außerdem wissen, er kann und will es sich leisten; wenn Sie alle seine Wünsche mit Ihrem Produkt erfüllen können und wenn Sie vereinbart haben, dass er sich nach der Präsentation entscheidet, was haben Sie dann? Sie haben einen Abschluss, und zwar bevor der Interessent Ihr Produkt überhaupt gesehen hat!

Durch die Vereinbarung einer sofortigen Entscheidung können Sie direkt nach der Präsentation Ihren Abschluss tätigen.

Ein weiterer wichtiger Grund dafür, die Entscheidung genau nach der Präsentation zu verlangen, ist der Vorführ-Begeisterungseffekt. Sie beherrschen Ihre Präsentation aus dem Effeff und schaffen es, den Interessenten total zu begeistern. Diese Begeisterung verpufft aber wieder und kann für den Abschluss ausschließlich in diesem Moment genutzt werden. Das geht aber nur, wenn er sich auch entscheidet. Und das tut er wiederum nur dann, wenn seine Verpflichtung Ihnen gegenüber, es zu tun, größer ist als seine Angst davor, damit einen Fehler zu begehen! Unabhängig davon, wie sehr Sie Ihren Kunden beeindruckt haben, egal, wie motiviert er war, Ihr Produkt zu kaufen, die Begeisterung verfliegt mit der Zeit, und zwar schneller, als Sie denken.

Vorführbegeisterung hält nicht an

Schon einen Tag, manchmal Stunden nach Ihrer Präsentation ist die so geschickt herbeigeführte Begeisterung verflogen, zumindest aber nicht mehr so stark. Mit schwindender Begeisterung mehren sich die Zweifel. Wann, glauben Sie, haben Sie die größte Chance auf einen Abschluss: Wenn Ihr Kunde begeistert ist oder wenn er Zweifel hat?

Fachmann zum Schein Wenn der Käufer weiß, dass er sich entscheiden muss, stellt er Ihnen Fragen, die er sonst eventuell nicht stellen würde. Sie wissen alles über Ihr Produkt, Ihr Käufer weiß wenig oder nichts, auf jeden Fall erheblich weniger darüber. Unbewusst fühlt er sich deshalb unterlegen. Dieses Gefühl des Schwächeren lässt sein Unterbewusstsein aber nicht zu. Das kann dazu führen, dass er den Fachmann mimt. Vielleicht haben Sie ja schon einmal so einen Spezialisten kennen gelernt? Einen, der alles weiß, aber leider keine Ahnung hat. Um als Fachmann anerkannt zu werden, tut er so, als ob er alles, was Sie ihm sagen, schon wüsste. Um das Bild aufrechtzuerhalten, stellt er die Fragen nicht, die er stellen sollte, um die Zusammenhänge richtig zu verstehen. Und diese ungeklärten Fragen sind dann häufig der Grund, warum er nicht kauft.

Sich nicht zu entscheiden, ist bereits eine Entscheidung, die zeigt, dass er es grundsätzlich kann, wenn er will. Aber er nimmt dem Verkäufer damit die Macht, und genau das ist sein Begehr. Er will eine Möglichkeit zur Flucht.

Wenn Sie Ihrem potenziellen Kunden die Möglichkeit lassen, lange über Ihr Angebot nachzudenken, können Ihnen tausend Sachen dazwischenkommen. Es kann Ihnen passieren, dass er nach reiflicher Überlegung doch nicht kauft. Dies ist unabhängig davon, wie gut Sie, Ihre Firma oder Ihr Produkt sind. Es ist unabhängig davon, ob Ihr Preis gerechtfertigt oder sogar extrem niedrig war. Und es ist unabhängig davon, ob Sie meinen, Ihr Kunde handele unklug, indem er nicht bei Ihnen kauft.

> **Wer sich zu schade dafür ist oder Angst davor hat oder es einfach nicht schafft, eine Entscheidung herbeizuführen, ist ein Anbieter und kein Verkäufer! Nur wenn Sie auf einer Entscheidung bestehen, behalten Sie die Kontrolle über den Verkauf.**

In diesem Zusammenhang ist auch Ihre persönliche Einstellung zu sofortigen Entscheidungen wichtig. Da wir alle unter einer gewissen Entscheidungsschwäche leiden – der eine mehr, der andere weniger –, sollten wir uns über unsere Gefühle zu diesem Thema im Klaren sein. Wenn Sie zu viel Verständnis für den Käufer haben, der sich nicht entscheiden will, weil Sie selbst immer erst eine Nacht darüber schlafen wollen, wird es schwierig. Im Verkaufsgespräch müssen Sie authentisch sein. Von einem anderen etwas zu verlangen, zu dem Sie selber nicht bereit sind, verursacht ein Auseinanderdriften zwischen dem Inhalt des Gesagten und dem unbewussten körperlichen Ausdruck. So können Sie Ihr Gegenüber nicht überzeugen.

Die persönliche Einstellung prüfen

»Ich muss es mir überlegen« ist nicht akzeptabel, weil es der Anfang vom Ende Ihrer Verkäuferkarriere ist. Zumindest kann man damit bei der Neukundenakquise nicht wirklich erfolgreich werden. Tätigkeiten, bei denen man auf Dauer nur mittelmäßig oder gar schlecht ist, machen aber keinen Spaß. Man gewöhnt sich an den Misserfolg und wird dadurch immer schlechter.

Es gibt sehr viele Verkäufer, die zwar gerne beraten, aber die Akquise neuer Kunden scheuen wie der Teufel das Weihwasser. Diesen Verkäufern, die aus den bekannten Gründen eigentlich gar keine sind, fallen sofort wichtige andere Dinge ein, die zu tun sind, sobald es an das Kontakten neuer potenzieller Kunden geht. Das sind natürliche Frustvermeidungsstrategien, die unbewusst ablaufen und deshalb akzeptiert werden müssen. Leider führen sie nicht zu mehr Umsatz, sondern vereiteln ihn. Aus diesem Grund gilt es, den Frust zu vermeiden und Macht zu erlangen. Die gewünschte Macht über die Situation erreicht man automatisch mit einem strukturierten System, durch das die Kontrolle während des Verkaufsvorgangs gewährleistet ist.

Durch die Anwendung der Trojanischen Verkaufsstrategie haben Sie die Möglichkeit, mehr Verkaufstermine wahrzunehmen, weil Sie die potenziellen »Nichtkäufer« schneller entlarven und aussortieren können und somit mehr Zeit für die echten Kunden gewinnen. Es ist unwahrscheinlich, dass Sie mit allen Interessenten einen Abschluss tätigen; es gibt kein System, welches das bewerkstelligen kann, aber Sie werden Ihre Quote enorm steigern.

Positivspirale Weitaus wichtiger als das damit erzielbare höhere Einkommen ist die positive psychologische Auswirkung. Sie geraten dadurch in eine Art Positivspirale. Es wird Ihnen Spaß machen, die Kontrolle über das Verkaufsgeschehen zu haben, und es wird Ihnen Spaß machen, Ihre Abschlüsse bewusst herbeizuführen. Dieser Spaß wird Sie erfolgreicher beim Abschluss neuer Kunden machen. Denn Erfolg erzeugt seinerseits neuen Erfolg.

Vergraulen wir Interessenten durch Entscheidungsdruck?

Wenn Sie dem entscheidungsschwachen Kunden durch den aufgebauten Druck helfen, eine Entscheidung zu treffen, wird er Ihr Freund. Menschen treffen gerne Entscheidungen, sie trauen es sich nur oft nicht. Wenn Sie es aber schaffen, dabei zu helfen, die Entscheidungsangst zu überwinden, machen Sie dadurch Ihren Kunden sehr stolz. Oft braucht es nur ein wenig Druck, dies zu bewerkstelligen, und genau den müssen Sie aufbauen. Man wird es Ihnen danken!

Wie wir bereits wissen, haben alle Menschen Entscheidungsangst, weil sie keine Fehler begehen möchten. Das ist der Grund für das Überlegen und das Darüber-Schlafen-Müssen, obwohl sie keine neuen Erkenntnisse dadurch erlangen, die es ihnen leichter machen würden. Das Paradoxe daran ist: Menschen lieben es, Entscheidungen getroffen zu haben. Es sind Siege über ihre Angst.

Der kleine Schubs Das Gleiche passiert mit dem kleinen Jungen auf dem Fünf-Meter-Turm im Schwimmbad. Er hat höllische Angst herunterzuspringen. Wäre er nicht auf den Sprungturm geklettert und hätte er nicht gesagt, dass er es macht, würde er es auch gar nicht tun. Das Ganze sah von unten bei Weitem nicht so hoch aus wie von oben. Jetzt steht er hier, und seine Angst verursacht ihm arge Zweifel. Er weiß nicht, was er tun soll. Doch weil Sie genau hinter ihm stehen und er nicht zurückkann, springt er freiwillig – oder Sie geben ihm einen kleinen Schubs. Kommt der kleine Junge aus dem Wasser, ist er total begeistert. Er hat eine riesige Freude daran, seine Angst überwunden zu haben, und ist Ihnen für den kleinen Schubs noch dankbar.

Genau so geht es Ihrem Käufer. Es ist erstaunlich, wie begeistert Käufer sein können, nachdem sie ihre Entscheidung getroffen haben. Der ganze Druck ist weg; sie fühlen sich frei, erlöst, stark. Und sind dafür außerordentlich dankbar.

Nachdem die Entscheidung gefallen ist und der Kunde gekauft hat, wird er diese Entscheidung verteidigen, sich und anderen gegenüber. Menschen rechtfertigen alles, was sie tun! Dies festigt seine Überzeugung, es richtig gemacht zu haben.

Da Sie nach der Verabschiedung nicht mehr auf Ihren Kunden einwirken können, ist dies ausgesprochen wichtig. Gleichsam schützt es Sie innerhalb gewisser Grenzen vor der Meinung anderer. Menschen sprechen gerne über Dinge, die sie getan oder gekauft haben. Und sie lassen sich gerne die Richtigkeit ihrer Entscheidungen bestätigen.

Leider ist es häufig so, dass dritte Personen, die Sie und Ihr Produkt nicht kennen, eine negative Haltung einnehmen, also abraten oder die Entscheidung anzweifeln. Das liegt an der Neigung vieler Menschen, ihre Meinung kundzutun, ohne ausreichend über die Sache Bescheid zu wissen. Um dabei kein Risiko einzugehen, konzentrieren sie sich auf Negativaspekte und raten ab. Wenn es schiefgeht, haben sie das ja gleich gewusst, und für den Fall, dass es trotz ihrer Kritik hinhaut, war es eben Glück.

Zweifel am Kauf

Dieser stornolastige Einfluss von Dritten wird nur dann überwunden, wenn der Kunde wirklich begeistert ist. Weil er dann durch die Art und Weise, wie er um Bestätigung für seine Entscheidung bittet, den Gefragten stark beeinflusst. Er will eine Zustimmung! Steht ihm diese Person nahe, wird sie wahrscheinlich darauf eingehen und seinem Wunsch nach Bestätigung entsprechen. Die Kaufentscheidung wird dadurch gefestigt. Auch für den Fall, dass dem begeisterten Käufer von anderen abgeraten wird, sorgt seine Begeisterung dafür, den Kauf zu rechtfertigen, was seine innere Überzeugung festigt, das Richtige getan zu haben. Nur eine vom Käufer anerkannte Autorität kann ihn dann noch ins Wanken bringen.

Ist der Kunde nach Ihrer Präsentation zwar begeistert von Ihrem Produkt, entscheidet sich aber nicht, passiert das Gleiche andersherum. Er sucht nach guten Gründen, warum er, zumindest jetzt, noch nicht gekauft hat. Ganz prekär wird die Situation, wenn er Dritte einbinden will, die ihm die Entscheidung abnehmen sollen. Damit bürdet er dem »Fachmann seines Vertrauens«, der oft gar keiner ist, eine große Verantwortung auf. Jener vermeintliche Fachmann kann sich der Verantwortung nur dadurch entziehen, dass er abrät. Er will nicht daran schuld sein, wenn sich im Nachhinein der Kauf als doch weniger gut herausstellt. Da er persönlich meist nichts davon hat, ob der Ratsuchende bei Ihnen kauft oder nicht, konzentriert er sich auf die möglichen Negativaspekte Ihres Produktes. Also verunsichert er Ihren unsicheren Kunden noch mehr.

Wenn Sie sich dann ein paar Tage später nach dem Stand der Dinge bezüglich Ihres Produktes erkundigen wollen, kann Folgendes passieren: Entweder Ihr Kunde ist für Sie nicht mehr zu sprechen, weil er sich nicht traut, Ihnen die Wahrheit zu sagen, oder er gibt Ihnen sein großes Bedauern bekannt, weil sein Schwager gesagt hat, dass …! Vielleicht ist Ihnen das ja auch schon einmal passiert.

Wie steht es jetzt um unseren Verkauf?

Wir wissen,
- was der Kunde will und können seinen Wunsch mit unserem Produkt oder unserer Dienstleistung erfüllen,
- welchen Preis er dafür zu zahlen bereit ist, und sind in der Lage, ihm diesen Preis zu machen,
- wie die Zahlungsmodalitäten aussehen, sie für den Kunden machbar und für uns möglich sind,
- wer an der Entscheidung beteiligt ist,
- dass wir einen Präsentationstermin mit den Entscheidungsträgern haben,
- wann wir, unter welchen Umständen, ein klares Ja oder Nein zu unserem Produkt bekommen,
- dass die Beteiligten gespannt auf unsere Präsentation sind.

Das bedeutet für unseren Verkauf:

Der Interessent kennt unser Produkt noch nicht, hat aber bereits gekauft – er weiß es nur noch nicht!

Übertragen auf Troja: Das Pferd, das zunächst vor den Stadtmauern stand, wurde bereits erfolgreich im Inneren der Stadt aufgestellt. Die Trojaner (= unsere Kunden) haben es selbst dorthin gezogen – somit haben sie verloren, wissen es aber noch nicht.

Diese Ausgangslage hat entscheidende Vorteile. Jetzt erwartet der Interessent unsere Verkaufstricks, die wir aber gar nicht mehr benötigen, weil bereits verkauft worden ist. Der Kunde wird nicht mehr abgelenkt, indem er ständig auf der Hut vor uns ist: *»Wann wird er versuchen, mich zum Kauf zu bewegen? – Nicht anmerken lassen, wenn es mir gefällt! – Was sage ich zum Preis? – Welche Argumente kann ich bringen, um nicht jetzt kaufen und entscheiden zu müssen?«* Dieser Stress, der den Kunden von unserer Präsentation ablenken würde, ist nicht mehr nötig.

Keine Tricks mehr nötig

Da der Interessent eine Entscheidung zugesagt hat, nimmt er die Präsentation ernst; er passt auf. Unnötige Diskussionen zum Produkt, die zum Aufschieben der Entscheidung und zur Entmachtung des Verkäufers vom Zaun gebrochen werden, finden nicht statt. Argumentationen bewegen sich auf der Sachebene.

Auf dieser Basis können wir beruhigt und entspannt unsere Lösung zu den Problemen des Kunden präsentieren. Der Handlungsspielraum des Kunden ist abgesteckt, und unsere Aufgabe ist es – neben einer überzeugenden Vorführung –, darauf zu achten, dass sich alle innerhalb der vereinbarten Grenzen bewegen und nicht versuchen auszubrechen. Da wir diese Grenzen genau kennen, fällt das entsprechend leicht.

Entspannt zur Präsentation

Die Präsentation

Vereinbarungen wiederholen und bestätigen lassen

Nachdem der Bedarf und das Budget geklärt sind und die Entscheidung erfolgreich verhandelt ist, dürfen Sie jetzt Ihr Produkt präsentieren.

Die Ziele unseres Interessenten haben wir schriftlich fixiert inklusive aller Bedingungen und gewünschten Merkmale. Alle zu verhandelnden Gegebenheiten zu Lieferzeiten, Zahlungsmodalitäten, Garantien und alles, was sonst noch wichtig oder notwendig ist, wurden vor der Präsentation geklärt. Wir wissen, unser Produkt ist geeignet und erfüllt alle Punkte, die gewünscht werden. Eventuelle K.o.-Kriterien wurden im Vorfeld ausgeräumt. Die Zeit, die wir benötigen, um unsere Präsentation in Ruhe durchführen zu können, wurde festgelegt. Alle Entscheidungsträger sind, gemäß Vereinbarung und Terminabstimmung, anwesend. Damit sind alle Voraussetzungen erfüllt – und wir können mit der Präsentation beginnen. Wir fangen an, indem wir die getroffenen Vereinbarungen wiederholen und sie uns bestätigen lassen.

Beginn Beginnen Sie z. B. wie folgt: *»Lieber Herr Kunde, lassen Sie uns noch einmal kurz durchgehen, was wir besprochen haben.«* Dann werden die Vereinbarungen wiederholt. *»Wenn ich alles richtig in Erinnerung habe, wollen wir erreichen, Ihr Problem 1 und 2 und 3 usw. zu lösen. Ist das korrekt oder habe ich etwas vergessen?«* Schreiben Sie dabei alle Vorgaben auf ein Blatt Papier oder gehen Sie die bei der Bedarfsermittlung gemachten Notizen mit den Details Schritt für Schritt durch.

Falls einige Zeit zwischen den Terminen lag, könnte es sein, dass sich ein Problem bereits erledigt hat. Es gibt Probleme, die lösen sich von alleine, wenn man lange genug wartet. Es kann auch sein, dass sich die Situation des Kunden geändert hat. Danach müssen wir jetzt fragen. Dies ist auch ein Grund dafür, dass es ratsam ist, die Abstände zwischen den Terminen so kurz wie möglich zu halten.

»Wir haben uns länger nicht gesehen, Herr Kunde, ist noch etwas dazu gekommen oder hat sich etwas geändert?« Sollte sich etwas derart geändert haben, dass es einen negativen Einfluss auf Ihre geplante Präsentation hat, also beispielsweise ein Problem aufgetreten ist, das Sie mit Ihrem Produkt nicht lösen können, oder sich das Budget geändert hat, verzichten Sie auf die Präsentation und besprechen diese Änderungen. Auch wenn Ihr Produkt immer noch eine Teillösung bietet, zeigen Sie diese bitte nicht, bevor Sie einvernehmlich mit den Entscheidungsträgern beschlossen haben, dass nur diese Teillösung von Ihnen erwartet wird.

Sie brauchen keine Präsentation allein aus dem Grund durchzuführen, weil Sie zum Termin erschienen sind!

Nachdem der Bedarf mit allen Details schriftlich festgehalten und von allen Entscheidern bestätigt wurde, gehen wir auf das Budget ein. Im Normalfall haben wir nur einen Budgetrahmen vereinbart. Bevor wir mit der Präsentation beginnen, führen wir das Preisgespräch. Jetzt geben wir den genauen Betrag für unsere Leistung oder unser Produkt bekannt und besprechen das mit dem Kunden, weil er ihn akzeptieren muss. Da wir uns in der Nähe oder innerhalb des vorgegebenen Rahmens bewegen, ist das viel einfacher, als nach der Präsentation um den Preis zu feilschen.

Preisgespräch führen

Das Budget für die Lösung Ihres Bedarfs liegt zwischen 8000 und 10 000 Euro, wenn ich es richtig notiert habe, lieber Herr Käufer. (Kunde sollte zustimmend nicken.) Ich möchte Ihnen als Erstes mitteilen, dass wir eine Investition von 9650 Euro benötigen, um Ihr Problem lösen zu können. 8000 Euro waren nicht möglich, aber wir liegen unter 10 000 Euro, ist das in Ordnung für Sie?

Wenn Sie darüber verhandeln müssen, geben Sie 50 Euro Preisnachlass, räumen Sie Skonto oder Ähnliches ein. Tun Sie es *jetzt*, vor der Präsentation! Erst dann geht es weiter, indem wir uns die Bereitschaft zur Entscheidung nochmals bestätigen lassen.

**Entscheidungs-
bereitschaft
bestätigen**

SIE: *Herr Kunde, erinnern Sie sich noch an die Vereinbarung, die*
wir getroffen haben?
KUNDE: *Ja, ich muss mich entscheiden.*
Oder: *Nein, was meinen Sie?*
SIE: *Dass ich Ihnen alles so lange zeige, bis Sie mir ein klares Ja oder*
Nein geben können. Erinnern Sie sich?
KUNDE: *Ja, jetzt erinnere ich mich.*
SIE: *Schaffen Sie das auch?*

Diese Frage muss der Kunde positiv bestätigen. Wenn Sie Zweifel daran haben, ob er seine Zusage wirklich einhält, müssen Sie
weiter bohren. Die Präsentation macht nur Sinn, wenn der Kunde sachlich und emotional bereit ist, die Entscheidung auch zu
treffen.

SIE: *Aber es gefällt Ihnen nicht?*
KUNDE: *Ich muss Ihnen sagen, das mache ich nicht gerne.*
SIE: *Wenn Ihnen dabei nicht wohl ist, hören wir am besten auf, ich*
packe meine Sachen wieder ein, und wir vergessen das Ganze,
was denken Sie?
KUNDE: *Nein, ich halte mich an die Vereinbarung.*
SIE: *Sie fühlen sich aber nicht gut dabei, und das macht auch mir*
ein schlechtes Gefühl.

Wenn der Kunde sich unwohl fühlt, fühlen Sie sich auch unwohl.
Das schafft eine emotionale Bindung, mit der Sie die innere Blockade lösen können.

KUNDE: *Ganz gut geht es mir dabei nicht.*
SIE: *Kann ich verstehen. Was muss denn grundsätzlich gegeben sein,*
damit Sie eine Entscheidung treffen?

Wenn der Kunde auf die Gefühlsebene ausweicht, holen Sie ihn
auf die Sachebene zurück. Auf der Sachebene gibt es nur die Logik, sich zu entscheiden, wenn alles klar ist. Dahin müssen Sie.
Machen Sie erst weiter, wenn alle zufrieden sind und dieser Punkt
geklärt ist.

Keine übertriebene Eile mit und bei der Präsentation!
Erweist sich der ausgemachte Termin als ungeeignet, weil

irgendetwas Unerwartetes passiert ist und die Anwesenden deswegen voraussichtlich nicht ganz bei der Sache sein werden oder weil ein wichtiger Entscheidungsträger bei dem Termin nicht anwesend sein kann, dürfen Sie die Präsentation jederzeit verschieben.

Die Situation muss nicht optimal für den Kunden sein, aber immer bestmöglich für Sie und dafür, den Abschluss erzielen zu können. Viele Verkäufer nehmen unnötigerweise zu viel Rücksicht auf die Belange ihrer Kunden und vergessen dabei, einer eventuellen Schwächung der eigenen Position entgegenzuwirken.

Den Kunden aktiv einbeziehen

Unser Ziel ist es nun, den Kunden durch logische Konsequenz zur Einsicht zu bewegen, eine positive Entscheidung treffen zu wollen und unser Produkt zu kaufen! Aufgrund der Vereinbarung, eine Entscheidung nach der Präsentation treffen zu müssen, gibt sich der Kunde Mühe und konzentriert sich. Das ist er nicht gewohnt, da wir uns im Allgemeinen in einem Käufermarkt befinden, was zur Bequemlichkeit führt. Diese Ausgangslage müssen wir für uns nutzen und den Käufer so stark wie möglich in die Präsentation einbinden. Was immer zu berechnen, einzustellen oder auszuführen ist, sollte Ihr Kunde für Sie tun. Arbeiten Sie weitgehend mit seiner Energie und denken Sie daran: *Wer fordert, der fördert!*

Den Kunden mitarbeiten lassen

Je aktiver der Käufer an der Präsentation beteiligt ist, desto eher wird er eine positive Entscheidung treffen und kaufen. Loben Sie den Käufer dafür, so oft Sie können. Je besser er sich fühlt und je stärker sein Ego dadurch wird, desto leichter wird es ihm fallen, sich auch wirklich zu entscheiden.

Während seiner Präsentation sollte sich der Verkäufer zurücknehmen und den Eindruck vermeiden, dem Kunden etwas zu verkaufen. Die Lösung des Problems sollte für sich sprechen. Die Inhalte und Lösungen müssen dem Kunden einleuchten, er muss sie verstehen oder wenigstens gedanklich nachvollziehen können.

**Produkt-
eigenschaften
begründen**

Jede Behauptung bezüglich der Eigenschaften des Produktes muss begründet werden. Benutzen Sie dazu das Wort »weil«. Es impliziert, dass der »Behauptung« eine stichhaltige Erklärung folgt. Wird man mit einer Tatsache konfrontiert, geht dem meistens das Wort »weil« voraus. Daraus zieht der Verstand den Umkehrschluss, dass diesem Wort auch eine Tatsache folgt. Einer Erklärung oder Stellungnahme wird fast immer dann widersprochen, wenn eine gegenteilige Meinung erwartet wird. Die konträre Erwartungshaltung kann darauf mehr Einfluss haben als die Aussage für sich genommen.

In der Annahme, etwas darauf entgegnen zu wollen, sammelt man Argumente, noch bevor der andere zu Ende gesprochen hat. Gleichzeitig entsteht eine innere Anspannung, um den Angriff energiegeladen ausführen zu können. Diese innere Anspannung ist einer der Gründe, warum sich Menschen während einer hitzigen Diskussion häufig ins Wort fallen. Soll vermieden werden, über einen Punkt argumentieren zu müssen, ist eine positive Erwartungshaltung des Kommunikationspartners zu dem, was kommt, sehr hilfreich. Und das kann man, wie gesagt, durch die Verwendung des Bindewortes »weil« erreichen. Es signalisiert dem Gefühl, dass die Behauptung stimmen muss, noch bevor die Erklärung dazu gegeben wurde, weil nach »weil« immer eine Tatsache folgt: *»Das hat den Vorteil, dass ..., weil ...!«*

**Vorteile
im Präsens**

Die durch das Produkt oder die Dienstleistung zu erwartenden Vorteile sollten unbedingt in der Gegenwartsform formuliert werden – so, als würde der Kunde bereits durch das Produkt profitieren.

Nicht:
Das bringt Ihnen einen Wettbewerbsvorteil.
Dadurch werden Sie 1000 Euro einsparen.

Noch schlechter:
Damit hätten Sie einen Wettbewerbsvorteil.
Das würde Ihnen 1000 Euro einsparen.
Dann wäre Ihr Problem gelöst.

Gut:
Damit haben Sie einen Wettbewerbsvorteil.
Das spart Ihnen 1000 Euro.

»*Dann ist Ihr Problem gelöst*« ist zwar besser, aber nicht optimal. Effektiver wirkt die Aussage, wenn das Wort »Problem« durch die tatsächliche Lösung ersetzt wird.

Der Kunde muss die Zusammenhänge verstehen. Verschaffen Sie ihm »Aha-Effekte«. Nehmen Sie sich Zeit; alle Entscheider müssen die Problemlösung verstanden haben. Gehen Sie Schritt für Schritt vor und bearbeiten Sie der Reihe nach alle Anforderungen.

Zu langsam darf das Ganze aber auch nicht sein. Immer so schnell wie möglich, aber so langsam, dass alle mitkommen. Das Gehirn ist faul. Jede bewusste Verarbeitung von Informationen kostet Energie. Dabei versucht das Gehirn immer, so sparsam wie möglich zu arbeiten. Das hat zur Folge, dass es nur einen Bruchteil der vorhandenen Informationen ins Bewusstsein lässt. Neueste Untersuchungen gehen dabei von einem Wert unter fünf Tausendstel aus. Ein weitaus größerer Teil wird unbewusst wahrgenommen, der Rest wird ausgefiltert. Bei wichtigen Passagen sollten Sie das Gesagte durch Mimik und Gestik unterstreichen, um sicherzustellen, dass die Information aufgenommen wird.

Angemessenes Tempo

Das Herzstück der Präsentation sollte maximal 15 Minuten in Anspruch nehmen. Je länger Sie brauchen, umso weniger Konzentration haben Ihre Zuhörer.

Schaffen Sie es nicht, den wichtigen Teil der Präsentation so kurz zu fassen, ist es vorteilhaft, nach den ersten 15 Minuten eine Pause einzulegen. Wenn alle erholt sind, knüpfen Sie an, indem Sie kurz das bereits Gesagte wiederholen, danach haben Sie weitere 10 bis 15 Minuten effektive Konzentration von Ihren Kunden. Das ist die »KISS-Regel«, von der Sie bestimmt schon einmal gehört haben: »Keep it short and simple« – »Fasse dich kurz und formuliere einfach«.

Die Bedarfsliste abarbeiten

Bei der Präsentation zeigen wir die Übereinstimmung unseres Produktes mit den geforderten Voraussetzungen. Jedes Mal, wenn eine Vorgabe erfüllt ist, lassen wir uns dies von den Entscheidungsträgern bestätigen und haken den Punkt auf unserer Liste ab. Erhalten wir keine eindeutige Zustimmung zur Zufriedenheit, bleiben wir so lange bei diesem Merkmal, bis alle Fragen geklärt sind und wir die Entscheider überzeugt haben. Es genügt dabei nicht zu glauben, den Beweis ausreichend geführt zu haben, sondern dies muss eindeutig und von allen bestätigt werden. Eine Einschränkung dieser allgemeingültigen Regel bei Gruppenentscheidungen folgt später.

Drängendstes Problem zuerst Zu Beginn der Präsentation fragen wir den Kunden, welches der ermittelten Probleme zuerst gelöst werden soll. Normalerweise nimmt er sein größtes und wichtigstes zuerst. Dann bearbeiten Sie seinen Wunsch so lange, bis er zustimmend nickt und bestätigt, dass ihm die Lösung gefällt und das Thema im Lot ist. Notieren Sie dann auf Ihrem Bedarfsblatt »100 Prozent« hinter der Problembeschreibung, ohne den Kunden dabei anzusehen, und fragen Sie ihn dann: *»Lieber Herr Kunde, sind Sie hundertprozentig davon überzeugt, dass damit dieses Problem gelöst ist?«*

> **Bleiben Sie immer so lange bei einer vom Kunden geforderten Voraussetzung des Produkts, bis Sie dazu ein »hundertprozentiges Ja« erhalten haben. Lassen Sie ihn dann den nächsten Punkt wählen und verfahren Sie gleichermaßen.**

Sie dürfen Aussagen wie

- *Ich habe ein Problem!*
- *Das verstehe ich nicht!*
- *Ich bin mir nicht ganz sicher!*
- *So habe ich mir das nicht vorgestellt!*
- *Ich bin nicht ganz zufrieden!*

auf gar keinen Fall übergehen. Nachdem Sie darauf eingegangen sind, muss der Kunde bestätigen, dass die Sache geklärt ist, bevor es weitergeht. Bei der Präsentation Ihrer Lösung brauchen Sie eine hundertprozentige Zustimmung.

Den Verkauf abschließen

Wenn alle Punkte auf der Bedarfsliste abgehakt sind, fragen Sie, ob es noch Unklarheiten gibt. Danach fragen Sie nur: »*Wie gefällt es ihnen?*«

Jetzt merkt der Kunde, was passiert ist, findet aber kein Argument, welches eine Flucht vor der Entscheidung rechtfertigen würde. Lassen Sie ihn so lange überlegen, wie er will, und sagen Sie bitte jetzt kein Wort mehr, bis der Kunde geantwortet hat! Oftmals »druckst« er nun ein bisschen »herum« und versucht eventuell wieder, in die Präsentation zu gehen. Falls das passiert, spielen Sie den letzten Akt nochmals genau wie beschrieben durch und stellen wieder Ihre Frage. Wenn Sie seine Zustimmung zu Ihrem Produkt erhalten haben, schweigen Sie noch ein wenig. Manchmal sagt der Kunde von sich aus: »*O.k., machen wir, wo muss ich unterschreiben?*« Bekundet er nur seine Zufriedenheit über Ihre Lösung seines Problems, fragen Sie ihn danach: »*Was sollen wir jetzt machen?*« Das ist Ihre Abschlussfrage! *Danach unbedingt wieder schweigen!*

Der Kunde schließt ab

Fragen Sie nie nach dem Auftrag oder danach, ob Sie die Bestellung notieren dürfen. Sprechen Sie nie von einem Vertrag. Wenn der Kunde seine Probleme mit Ihrem Produkt lösen kann, ihm diese Lösung gefällt und er nur mit einem klaren »Ja, will ich« oder »Nein, will ich nicht« reagieren darf, haben Sie ihn doch sowieso schon. Lassen Sie den Druck bei Ihrem Kunden, denn da gehört er hin. Er soll sich selber abschließen, dann gibt es auch keinen Storno.

Sie brauchen Ihre Präsentation nicht bis zum Ende durchzuziehen! Wenn der Käufer sagt, er ist überzeugt und nimmt das Produkt, unterbrechen Sie bitte sofort Ihre Präsentation.

Manchmal sind Verkäufer derart begeistert, dass sie trotzdem weitermachen und eventuell den Verkauf wieder zerreden. Ganz schlimm wird es für manche, wenn der Kunde zu früh kaufen will und der Verkäufer seine ihm liebste Eigenschaft des Produktes noch nicht gezeigt hat: *»Es ist toll, dass Sie es kaufen wollen, aber eines muss ich Ihnen noch zeigen!«* Das ist ein großer Fehler!

Vermeiden Sie es tunlichst, Ihre Kompetenz und Ihr Wissen unter Beweis zu stellen. Jeder Mensch will sich profilieren, speziell in seinem Fachgebiet. Geben Sie keine Hinweise und erklären Sie nichts, was nicht notwendig ist, um das Problem des Kunden zu lösen. Erst verkaufen, dann aufklären!

Wann immer der Kunde etwas sagt oder macht, was darauf hindeutet, dass er kaufen will, unterbrechen Sie Ihre Präsentation und verkaufen Sie! Ihre wichtigste Aufgabe während der Präsentation ist: *Achten Sie auf Kaufsignale!*

Kaufsignale beachten

Dass Ihr Kunde zum Kauf bereit ist, zeigt er Ihnen durch für ihn unbewusste körperliche Regungen wie beispielsweise verbale Zustimmung, positives Lächeln und Kopfnicken. Achten Sie darauf, ob sich seine Haltung, Atmung, Gestik, Mimik oder seine Wortwahl ändert. Alle körperlichen Veränderungen, die auf eine konzentrierte Anspannung hindeuten, sind Zeichen dafür, dass er zum Kauf bereit ist. Das kann ein mit starrem Blick kombiniertes Reiben im Gesicht sein. Sehr auffällig ist auch ein nachdenkliches Kratzen am Kopf. Ernsthaftes Interesse und das innerliche Durchringen, eine positive Entscheidung treffen zu wollen, zeigen sich häufig an tiefem Durchatmen. Ein weiteres starkes Kaufsignal ist die körperliche oder sprachliche Inbesitznahme des angebotenen Produktes. Nimmt der Kunde das Produkt ohne Aufforderung und ohne Notwendigkeit in die Hand – dies kann auch ein Prospekt oder Vertrag sein –, deutet dies auf Kaufbereitschaft hin. Sprachliche Inbesitznahme erkennen Sie an Formulierungen, die sich anhören, als ob er bereits gekauft hätte und ihm die Sache bereits gehöre, sowie an Fragen zu spezifischen Details, die bei einem Abschluss notwendig würden. Beispiele:

- *Kann man das Produkt auch …?*
- *Das würde ja bedeuten, dass …!*

- *Damit hätten wir das Problem zumindest gelöst!*
- *Wie schnell könnten Sie liefern?*
- *Wie genau wäre die Abwicklung?*
- *Was wäre, wenn wir zwei ... bestellen würden?*
- *Kann es vorkommen, dass ...?*

Sind mehrere Personen an der Entscheidung beteiligt und bei Ihrer Präsentation anwesend, deuten folgende Signale auf Kaufbereitschaft hin. Zustimmende Blicke unter den Entscheidungsträgern zeigen positives Einverständnis für die gezeigte Lösung. Fragt einer der Beteiligten einen anderen, neutral bis positiv formuliert und gestikulierend, was er von dem Angebot hält, bedeutet das Zustimmung.

Bestehen noch Zweifel am Produkt oder der präsentierten Lösung, sind Mimik, Gestik und Wortwahl zweifelnd. In diesem Fall will er mit der Frage an den anderen die Entscheidungsverantwortung abgeben: »*Ich weiß nicht so recht, was meinst du denn?*« Kümmern Sie sich in diesem Fall besonders um die Unentschlossenen, da Sie ein einvernehmliches Ja anstreben sollten. Können Sie Ihren Verkauf gegen die Argumente eines oder mehrerer Kritiker durchsetzen, weil Sie die Mehrheit oder die wichtigeren Personen für sich und Ihre Lösung gewinnen konnten, sollten Sie sich nach dem Verkauf um die »Gegner« kümmern und versuchen, auch sie zu überzeugen. Andernfalls könnte es passieren, dass die übergangenen Mitentscheider die weitere Zusammenarbeit auf Dauer boykottieren. *Vor allem wollen Menschen immer Recht haben!*

Zweifel am Produkt

Bei der Präsentation vor mehreren Personen können Sie sich den Gruppendruck zunutze machen. Selten ist es möglich, alle Beteiligten gleichermaßen zu überzeugen. Konzentrieren Sie sich deshalb auf die für eine Kaufentscheidung wichtigen Teilnehmer und auf alle Fürsprecher. Bewegen sich diese Personen mit Ihnen in Richtung Vertragsabschluss, folgen die anderen stillschweigend. Jedem ist klar, nicht alle können zu allem ein Statement abgeben, deshalb hält man sich, auch wenn man nicht ganz überzeugt ist, zurück. Niemand will sich blamieren und keiner will die Präsentation unnötig aufhalten. Deshalb schließt man sich der vermuteten Mehrheit und insbesondere den Vorgesetzten an. Ab einem gewissen Punkt allgemeiner Zustimmung schwenkt dann

Auf die wichtigen Teilnehmer konzentrieren

sogar die Haltung der Andersdenkenden um. Sie gleichen sich der Gruppenmeinung an, indem sie sich immer intensiver auf die positiven Argumente und Aspekte der Präsentation konzentrieren. Dies passiert automatisch, um den inneren Konflikt zwischen ihrer Nichtzustimmung und ihrer Passivität aufzulösen.

Stellen Sie fest, dass ein Teilnehmer sich nicht überzeugen lässt oder überzeugen lassen will – besonders wenn Ihnen nicht klar wird warum –, sollten Sie ihn und seine Meinung ausgrenzen. Das muss so geschehen, dass es niemandem außer dem Ausgegrenzten auffällt. Dazu ist es gut, diese Person bei allen Erklärungen und Demonstrationen weiterhin mit einzubinden, sich aber, wann immer eine Bestätigung, eine Antwort oder Meinung zur Präsentation notwendig ist, von ihr abzuwenden. Der oder die Personen, die Sie ansehen, nachdem Sie z.B. eine Frage gestellt haben, geben automatisch auch die Antwort. Geht es um spezifische Belange, für die hauptsächlich der Querulant zuständig ist, weswegen die Frage an ihn gerichtet werden müsste, sollten Sie versuchen, zuerst die Zustimmung seines Vorgesetzten und vielleicht ein Nicken anderer Befürworter zu bekommen, bevor Sie ihn ansehen. Der dadurch erzeugte Gruppendruck lässt ihn vielleicht nicht zu negativ oder sogar neutral reagieren. Oft sagt er dann so etwas wie: »*Schauen wir mal*«. Dies gilt allerdings nur für den Fall, dass Sie auch ohne die Zustimmung des Gegners innerhalb der Gruppe eine Entscheidung herbeiführen können. Die Strategie des Ausgrenzens gilt nur für Randpersonen ohne Vetorecht, die versuchen, Ihnen das Leben schwer zu machen.

Manchmal bekommen Sie nur *eine* Chance, den Verkauf zu machen. Seien Sie wachsam und nutzen Sie diese. Zügeln Sie Ihre Begeisterung während der Präsentation. Wissen Sie, wer Ihr Produkt bei jeder Vorführung kauft? Sie selbst! Der Kunde kauft nur manchmal! Das ist zwar wichtig, sonst wäre es nicht das richtige Produkt für Sie, aber seien Sie sich darüber im Klaren.

Wenn der Kunde zögert Zögert Ihr Kunde mit seiner Entscheidung, obwohl eigentlich alles klar sein müsste, kann es sein, dass er

- es noch nicht ganz verstanden hat,
- etwas falsch verstanden hat,

- noch nicht richtig überzeugt ist,
- Ihnen den Abschluss erschweren will,
- versucht, sich vor der Entscheidung zu drücken.

Machen Sie so lange weiter, bis er zu allen präsentierten Details der Lösung seiner Probleme »*Ja, das gefällt mir*« gesagt hat. Bringen Sie ihn dazu, aufzugeben und freiwillig Ihr Kunde zu werden.

Fragen Sie nicht nach der Entscheidung oder Unterschrift oder ob er kaufen will, fragen Sie ihn, wenn alles geklärt ist und er kaufen müsste:

SIE: *Gibt es noch etwas, das ich Ihnen zeigen / erklären soll?*
KÄUFER: *Nein, ich habe alles verstanden!*
SIE: *Gut, dann sind jetzt Sie dran!*

Überprüfen Sie, speziell bei komplexen Zusammenhängen und neuen Ideen, von denen Ihr Kunde wenig Ahnung hat, ob alles richtig verstanden wurde. Zum Beispiel, indem Sie den Käufer bitten, Ihnen zu erklären, wie er es verstanden hat. *»Um sicherzugehen, dass ich es Ihnen verständlich machen konnte, habe ich eine Bitte an Sie. Wären Sie so nett und würden mir einmal mit Ihren Worten wiedergeben, wie Sie es verstanden haben!«* **Verständnis überprüfen**

Alles, was Sie glauben, Ihrem Kunden über Ihr Produkt sagen zu müssen, erzählen Sie ihm während der Bedarfsermittlung. *»Ich weiß nicht, ob das wichtig für Sie ist, aber unser Produkt kann das und jenes. Ist das von Bedeutung für Sie?«* Falls es etwas gibt, worauf Sie besonders stolz sind – ein spezieller Vorteil oder eine einzigartige Eigenschaft Ihres Produktes –, verkneifen Sie es sich, während der Präsentation darüber zu sprechen, wenn es nicht ganz sicher etwas mit der Problemlösung zu tun hat. Behandeln Sie nur die zur Problemlösung notwendigen Eigenschaften. Dies gilt insbesondere auch für den Moment nach dem Abschluss. Selbst wenn Ihr Kunde das Beste an seinem Neuerwerb noch nicht kennt, erwähnen Sie es bitte nicht. Das Ziel des Termins war es, die Unterschrift unter den Vertrag zu bekommen. Sobald dies erreicht ist, hören Sie bitte schlagartig mit der Präsentation und weiterer Argumentation auf. Andernfalls besteht die Gefahr, den Abschluss wieder zu zerreden.

Gehen Sie während der Präsentation auf nichts ein, wonach der Käufer nicht fragt oder worüber er nicht spricht!

Geben Sie keine Hinweise auf Ihr Lieferprogramm, Serviceleistungen, Vorteile durch Ihre Firma oder Ihre Person. Unterlassen Sie generelle Aussagen. Machen Sie keine Versprechungen. Sprechen Sie nur über Dinge, die unmittelbar mit der Lösung des Problems Ihres Kunden zu tun haben.

Wenn der Käufer am Ende der Präsentation kneift und doch keine Entscheidung treffen will, dürfen Sie wütend werden. Werden Sie aber niemals böse auf einen Kunden, wenn er etwas nicht tut, das auch nicht mit ihm vereinbart wurde.

Der sofortige Nachverkauf

Wir haben es durch strategisches Vorgehen mit einem verkaufspsychologischen Konzept geschafft, den Kunden zum Abschluss zu bringen. Sie können davon ausgehen, dass Ihr Interessent das so nicht wollte. Er konnte sich noch nicht einmal dagegen wehren, weil er die ihm unbekannte Vorgehensweise nicht richtig einschätzte. Der Käufer ist es gewohnt, sein System zu nutzen und Ihnen ein Spiel nach seinen Spielregeln aufzuzwingen. Nur hat er es dieses Mal nicht geschafft. Diese psychologische Überrumpelung könnte er Ihnen übel nehmen, wenn Sie ihn jetzt gehen lassen. Deshalb machen wir erst noch den »sofortigen Nachverkauf«. Auch dies ist ein Spiel mit seiner Psyche, welches dafür sorgt, dass er mit seiner durch Sie manipulierten Entscheidung zurechtkommt.

Der »sofortige Nachverkauf« erfolgt, sowie das Geschäft abgeschlossen und der Auftrag unterschrieben ist. Sie erinnern sich, der Kunde ist jetzt glücklich. Menschen lieben es, Entscheidungen getroffen zu haben, weil sie ihre Angst überwinden konnten. Sie haben dazu beigetragen, deshalb ist der Kunde Ihnen wohlgesinnt. Ihre Aufgabe ist es jetzt, die durch Sie herbeigeführte Entscheidung in eine käufereigene Entscheidung umzuwandeln.

Es sind nie die faktischen Dinge, die realen Geschehnisse, die zählen, sondern immer nur die Gedanken darüber! Um die Gedanken unseres Kunden dahingehend zu verändern, geben wir ihm noch eine Fluchtmöglichkeit. Wenn er will, kann er den Vertragsabschluss jetzt noch widerrufen und damit den Kauf rückgängig machen. In seiner momentanen Verfassung wird er das aber mit 99-prozentiger Sicherheit nicht tun. Der Druck ist weg, er ist stolz darauf, eine Entscheidung getroffen zu haben, und er ist froh, dass sein Problem durch das Produkt gelöst ist. Sein Unterbewusstsein beginnt damit, die positiven Aspekte des Kaufs zu sondieren, da er diese als Rechtfertigungsargumente parat haben will. Deshalb

Letzte Ausfahrt

bleibt er höchstwahrscheinlich bei seiner Entscheidung. Nur circa jeder hundertste Käufer tritt zurück. Seien Sie sicher, wenn er das jetzt macht, hätte er bestimmt auch später storniert. Da Sie ihm jedoch die Möglichkeit sofort gegeben haben, behalten Sie weiterhin die Kontrolle und können, in diesem seltenen Fall, bei der Bedarfsermittlung noch einmal neu ansetzen. Denn das vorhandene Problem des Kunden ist ja dann immer noch nicht gelöst.

Durchführung Bleiben wir bei dem wahrscheinlichen Fall und der richtigen Durchführung des »sofortigen Nachverkaufs«. Nehmen Sie alle Papiere, die der Käufer unterschrieben hat, den Kaufvertrag, eventuell einen Scheck etc.; heften Sie alles zusammen und geben Sie das Paket dem Käufer, einfach so. Deuten Sie darauf und fragen:

SIE: *Lieber Käufer, was ist das?*

Wenn er nicht versteht, was Sie wollen, und irgendwelche Kommentare gibt oder Ihnen Fragen stellt, lassen Sie sich nicht beirren und wiederholen Sie die Frage. Wahrscheinlich wird er antworten:

KUNDE: *Das ist ein Vertrag!* (Oder Ähnliches)
SIE: *Stimmt, was ist das noch?*
KUNDE: *Hoffentlich eine gute Sache.*
SIE: *Ja, die was für Sie bedeutet?*
KUNDE: *Dass mein Problem gelöst ist.*
SIE: *Ganz genau, darauf wollte ich hinaus. Das ist die Lösung Ihres Problems 1 und Ihres Problems 2 und Problems 3 …!*

Zählen Sie alle wichtigen Details, deretwegen er gekauft hat, nochmals auf. »*Genau das ist es! Wenn Sie jetzt daran noch irgendwelche grundlegenden Zweifel haben, dürfen Sie alles* (nicht »Vertrag« sagen!) *wieder zerreißen, und wir vergessen die ganze Sache. Wenn Sie aber wie ich der Meinung sind, Sie haben das Richtige getan und das hier ist eine gute Lösung, geben Sie mir bitte alles zurück. Aber ich möchte dann nicht irgendwann später hören, dass Sie storniert haben!*«

Wenn der Käufer Ihnen jetzt die Papiere zurückgibt – was sehr wahrscheinlich ist –, ist das eine freiwillige Entscheidung. Es gibt keinen Druck mehr, und er möchte da auch nicht noch einmal »durch«. Er will sein Problem gelöst wissen, und er hat jetzt immer noch ein gutes Gefühl, wogegen er angehen müsste. Also erhalten Sie den Vertrag mit Scheck etc. zurück. Jetzt gehört er Ihnen, jetzt haben Sie einen Verkauf getätigt! Diesen Vertrag wird er nicht mehr stornieren, denn er hatte die Gelegenheit dazu.

Käufer widerrufen ihre Käufe nach dem Verkaufsgespräch, weil man ihnen während des Verkaufsgesprächs keine Möglichkeit dazu gegeben hat!

Das nochmalige Aufzählen der Kaufgründe hat einen weiteren wichtigen Grund: Nachdem der Kunde sich zum Kauf entschieden hat, müssen Verträge ausgefüllt, unterschrieben und eventuell schon Beträge kassiert oder Zahlungsvereinbarungen getroffen werden, also all das, was notwendig ist, um den Entschluss rechtskräftig zu machen. Je nachdem, wie aufwendig dieser Vorgang ist und wie lange er dauert, könnten einzelne Gründe, die zum Abschluss geführt haben, wieder vergessen werden.

Nach jedem Kauf findet ein Rechtfertigungsprozess beim Käufer statt. Der Verstand versucht, die emotionale Entscheidung zu begründen, damit sie rational erscheint. Dieser »Selbstbetrug« ist notwendig und findet immer statt. Er lässt uns glauben, eine überlegte, vernünftige und sachlich begründete Entscheidung getroffen zu haben. Er gibt uns das Gefühl einer realen, bewussten Selbstbestimmung.

Rechtfertigung des Käufers

Da das Letzte, was bei einem Termin passiert, besonders gut im Gedächtnis bleibt, ist die Wiederholung der wichtigsten Kaufgründe am Ende des Termins von besonderer Bedeutung. Sollten Sie auf den sofortigen Nachverkauf verzichten, weil er Ihnen eventuell zu hart vorkommt, ist das sehr schade, aber Sie sollten dennoch unbedingt die wichtigsten Argumente noch einmal wiederholen.

Weitere Termine mit dem Kunden

Der Servicetermin

Kaufreue Mit der Verabschiedung nach Ihrem Verkauf verlässt der Kunde Ihren Einwirkungsbereich. Je nachdem, wie gut Sie verkauft haben, hält die Begeisterung über den Erwerb Ihres Produktes an. Sie sollten sich aber darüber im Klaren sein, dass diese Begeisterung irgendwann abnehmen wird. Nach dem Kauf macht Ihr Kunde sich Gedanken darüber, ob er klug gehandelt hat, er hinterfragt seine Entscheidung. Dabei entstehen im Allgemeinen gewisse Zweifel, die als Kaufreue bezeichnet werden. Da es Ihnen normalerweise nicht möglich ist, den Kunden während der Präsentation so umfassend zu informieren, dass er alles weiß, sind diese Zweifel höchstwahrscheinlich.

Negativberater Je nach Größe des Geschäftes und der damit verbundenen Verpflichtungen kann es passieren, dass Ihr Kunde versucht, eine Bestätigung für sein Handeln von Dritten zu erhalten. Und warum diese Personen meistens versuchen, Ihren Kunden zu verunsichern, und ihm nicht zuraten, haben wir bereits genau beleuchtet.

Das Gleiche kann passieren, wenn Sie Ihren Kunden besonders für Ihr Produkt begeistern konnten und er das Bedürfnis verspürt, diese Begeisterung mitzuteilen, weil er anderen damit beweisen möchte, wie gut er entschieden hat. Gerade in dieser Situation passiert es häufig, dass von den Angesprochenen alles versucht wird, ihn wieder »herunterzuholen« und den Kauf in Frage zu stellen.

Wenn es Ihr Verdienst am Produkt zulässt, empfehle ich Ihnen, einen weiteren Termin mit Ihrem Käufer zu vereinbaren. Dieser Servicetermin sollte zwei bis drei Tage nach dem Verkauf durchgeführt werden. Der

Termin hat den Sinn, eventuell noch offene oder erst nach dem Abschluss entstandene Fragen zu klären und das Gefühl des Käufers in Bezug auf die Richtigkeit des Neuerwerbs zu festigen.

Auch wenn der Kunde bei diesem Termin keine Fragen stellt, sollten Sie alle wichtigen Aspekte, deretwegen er gekauft hat, noch einmal kurz mit ihm durchgehen, um die Haltung zu seiner Entscheidung nochmals zu stärken. Solange Ihr Kunde stärker überzeugt ist, das Richtige getan zu haben, als seine »Negativberater« ihn verunsichern können, wird er seine Entscheidung verteidigen und dabei festigen.

Der Abschluss in mehreren Terminen

Je nachdem, was Sie verkaufen und in welchem Markt Sie sich bewegen, können mehrere Termine nötig sein, um zum Abschluss zu kommen. Bei Ihrem ersten Treffen mit Ihrem potenziellen Kunden können Sie ihn qualifizieren. Das heißt herausfinden, ob der Interessent für Sie geeignet ist. Beim zweiten Termin ermitteln Sie seinen Bedarf und beim dritten eruieren Sie das Budget, dann die Entscheidung und darauf folgt die Präsentation. Grundsätzlich brauchen Sie nicht mehr Termine zu machen, als nötig sind; allerdings festigt sich mit jedem Treffen die emotionale Verbundenheit zwischen Ihnen und Ihrem Kunden. Dabei müssen Sie jeden Folgetermin so gut vereinbaren, dass er auch stattfindet. Und noch einmal zur Erinnerung: Wann immer die Präsentation stattfindet, die Entscheidung über Kauf oder Nichtkauf muss, wenn irgend möglich, unbedingt direkt danach, also während des Präsentationstermins, getroffen werden.

Stärkere emotionale Verbundenheit

Der Folgetermin sollte immer sofort vereinbart werden! Die einfachste, effektivste und schnellste Terminvereinbarung erreichen Sie, wenn Sie Ihrem Interessenten gegenübersitzen.

Lästiges Hinterhertelefonieren entfällt in diesem Fall. Während Sie persönlich anwesend sind, können Sie sicher sein, Ihren zukünftigen Kunden nicht bei etwas Wichtigem zu stören. Die Terminabstimmung ist wesentlich unkomplizierter, wenn sich beide Parteien zur gleichen Zeit darum bemühen. Es ist eventuell möglich, andere Dinge zu verschieben oder neu zu koordinieren. Sie vermeiden Verzögerungen mit der Aussage: *»Das muss ich erst noch klären, ich rufe Sie dann zurück«.*

Der Inhalt des Folgetermins muss klar sein! Gleichgültig, wie viele Termine Sie bis zum Abschluss benötigen: Bevor Sie gehen, muss der Kunde wissen, warum Sie wiederkommen.

Vereinbaren Sie einen Termin für das nächste Zusammentreffen und erklären Sie Ihrem Gesprächspartner, was Sie vorhaben, dann mit ihm zu besprechen.

Nehmen wir an, Sie haben den Bedarf ermittelt und die Zeit wird knapp. Sagen Sie Ihrem Kunden: *»Lieber Kunde, ich kann mir Ihr Problem jetzt gut vorstellen. Um herauszufinden, wie wir es lösen können, müssten wir uns noch einmal zusammensetzen. Ich muss noch etwas mehr wissen. Bei unserem nächsten Treffen möchte ich noch einmal kurz auf das, was Sie mir heute gesagt haben, eingehen. Ich möchte mit Ihnen über den finanziellen Rahmen sprechen, den wir zur Lösung zur Verfügung haben. Außerdem sollte ich noch etwas über den Entscheidungsprozess innerhalb Ihrer Firma wissen. Wenn wir so weit kommen, können wir gemeinsam entscheiden, ob es sinnvoll ist zusammenzuarbeiten, und versuchen, eine Lösung für Ihr Problem zu erreichen. Wenn Sie damit einverstanden sind, können wir jetzt einen Termin vereinbaren.«* (Dann sofort den Terminkalender zur Hand nehmen!)

Geschlossene Frage nach dem Termin

Fragen Sie nicht, wie Ihrem Kunden das gefällt oder ob er daran etwas auszusetzen hat; das provoziert nur unnötige Diskussionen. Auf eine geschlossene Frage wie *»O.k.? / In Ordnung? / Einverstanden?«* erhalten Sie schneller eine Zustimmung als auf eine offene. Wir setzen das »Ja« voraus und lenken durch die Instruktion »Termin vereinbaren« die Aufmerksamkeit auf die Aktion. Sollte Ihr Proband trotzdem Einwände haben, müssen diese besprochen und geklärt werden. Das passiert allerdings selten, wenn die Bedarfsermittlung gelungen ist.

Da der Folgetermin für den Kunden in der Zukunft liegt, erhalten Sie leichter sein Einverständnis zu Ihrer geplanten Vorgehensweise. Wenn Sie ihm sagen, dass Sie beim folgenden Termin mit ihm über das Budget oder die Entscheidung sprechen wollen, legitimiert er Sie, das zu tun, indem er nicht widerspricht. Weil Sie Ihren potenziellen Kunden darüber informiert haben, was Sie mit ihm machen werden, hat er keine Angst davor.

Thema des Folgetermins ankündigen

Bei jedem Folgetermin wird zuerst noch einmal der Inhalt des vorherigen Treffens zusammengefasst und die Vereinbarungen werden wiederholt. Diese muss der Kunde erneut bestätigen. Dann sagen wir ihm noch einmal, über welche Aspekte jetzt gesprochen und was getan werden soll.

Verkauf durch verbindliche Vereinbarungen

Es gibt einen gravierenden Unterschied zwischen der Trojanischen Verkaufsstrategie und herkömmlichen Verkaufskonzepten. Die meisten Verkaufskonzepte beruhen auf mengenabhängigen Bemühungen:»Biete möglichst vielen Leuten dein Produkt an und eine gewisse Anzahl dieser Personen wird es kaufen.« Grundsätzlich stimmt das sogar. Die Verkaufsgespräche laufen dabei häufig nach folgendem Schema ab: Es wird versucht, durch eine optimale Präsentation zu begeistern, dann folgen ein paar Abschlusstechniken, und das war es. Oft verlässt man sich auch nur auf die mögliche Begeisterung durch die Präsentation. Das Produkt soll für sich sprechen. Oder aber die Anleitung lautet:»Verkaufe dich als Person und der Kunde nimmt dir das Produkt ab.«

Spielregeln festlegen Alle diese Aussagen sind richtig, sonst würde nirgendwo etwas verkauft werden. Mit der Trojanischen Verkaufsstrategie versuchen wir, durch ein strukturiertes Vorgehen eine höhere Effektivität zu erreichen. Anstatt einfach draufloszugehen, legen wir zunächst die Spielregeln fest, damit es keine Uneinigkeit gibt. Genau so, wie man vor einem Skatspiel bespricht, ob auf ein verlorenes Kontra drei Ramsch- und drei Bockrunden folgen oder nicht. Ohne vorherige Einigungen sind Missverständnisse vorprogrammiert.

Stellen Sie sich ein Spiel vor, bei dem es nur ungefähre Regeln gibt. Jeder würfelt, wann er will. Der eine meint, die höchste Zahl gewinnt, ein anderer aber nicht, und der Nächste besteht darauf, dass sieben Augen immer gewinnen. Das wäre ein ziemliches Chaos und würde wahrscheinlich wenig Spaß machen.

Wenn wir die Regeln mit dem Käufer festlegen, vermeiden wir Missverständnisse und stellen sicher, dass

nach unseren Regeln gespielt wird. Das erhöht die Gewinnchancen enorm.

Wenn Sie ein Verkaufsgespräch führen, ohne vorher genaue Vereinbarungen darüber zu treffen, wie gespielt wird, nimmt der Käufer zu Recht an, es werde nach seinen Regeln gespielt: **Spielregeln des Käufers**

- Er wünscht eine kostenlose Beratung,
- er will das Gespräch kontrollieren,
- er bestimmt, was gemacht wird,
- er will sich nicht entscheiden,
- er beansprucht das Recht, Ihr Wissen zu nutzen, ohne kaufen zu müssen, und
- er will immer den niedrigsten Preis, damit er darüber nachdenken kann.
- Sie dürfen ihn nicht unter Druck setzen, sondern sollen ihm nur dienen, damit er eventuell irgendwann bei Ihnen kauft – oder auch nicht.

Mit den von uns festgelegten Regeln muss der Käufer einverstanden sein, sonst nützen sie nichts. Denken Sie an das erwähnte Spiel. Erst wenn gegenseitiges Einvernehmen darüber herrscht, was gemacht und wie vorgegangen wird, kann es losgehen.

Die beste Vereinbarung ist hinfällig, wenn der Käufer sie nicht ausdrücklich akzeptiert hat. Gegenseitiges Einvernehmen entsteht durch einen Vorschlag von Ihnen und eine eindeutige Zustimmung seitens des Kunden. Dazu muss Ihr Vorschlag verständlich und klar formuliert sein und vom Kunden verstanden werden.

Deutliche Kommunikation und gegenseitiges Einvernehmen sind die Voraussetzung für gültige Vereinbarungen!

Eine gute Vereinbarung zu haben bedeutet nicht, mit Sicherheit auch den Auftrag zu bekommen. Aber Sie wissen in jedem Moment, was passiert, wo Sie stehen und was Sie tun müssen, um den Auftrag zu erhalten.

Damit eine Vereinbarung Gültigkeit hat, müssen alle Beteiligten kompetent sein. Sie sind kompetent, wenn Sie Ihr Produkt kennen, versiert genug sind, das Problem des Kunden richtig zu beurteilen, und autorisiert sind, Vereinbarungen zu treffen. Kompetenz beim Käufer liegt vor, wenn er befugt ist, über den Kauf zu entscheiden. Das beste Gespräch mit einer Person ohne Entscheidungsgewalt bringt Ihnen außer Arbeit nichts ein. Die einzige Vereinbarung, die Sie mit einer solchen Person treffen können, ist die, dass sie Ihnen zuhört.

Nein sagen können Klare Vereinbarungen geben dem Käufer und dem Verkäufer die Möglichkeit, Nein zu sagen, wenn etwas nicht passt. *»Herr Käufer, falls wir während unseres Gesprächs feststellen sollten, dass mein Produkt für die Lösung Ihres Problems nicht geeignet ist, sollten wir sofort aufhören. Wenn es dazu kommen sollte, habe ich eine Bitte: Sagen Sie es mir dann sofort! Einverstanden?«* *»Auf der anderen Seite, wenn Sie sehen, dass mein Produkt das Richtige für Sie ist, sagen Sie es mir bitte auch.«*

Manchmal trauen sich Käufer nicht, zwischendurch Nein zu sagen, und lassen den Verkäufer reden und reden, obwohl ihre Entscheidung längst gefallen ist. Das Nein am Ende der Präsentation ist dann meistens ein Vielleicht oder ein Wahrscheinlich, zumindest kein Ja und leider auch kein begründetes Nein. Die Entscheidung, nicht zu kaufen, wird nicht durch Fakten untermauert. Der Käufer traut sich nicht, die Wahrheit zu sagen. Aber nur eine klare Aussage zum Warum gibt dem Verkäufer die Chance, das Blatt noch zu wenden.

Klare Vereinbarungen geben dem Käufer und dem Verkäufer die Möglichkeit, Ja zu sagen, wenn alles passt. Ab und zu trauen sich Käufer auch nicht, Ja zu sagen, obwohl das Produkt ihnen gefällt und das bestehende Problem lösen kann. Sie versuchen, sich damit vor falschen Entscheidungen und vor dem Verkäufer und seinen Tricks zu schützen. Obwohl es wahrscheinlich das richtige Produkt ist, sagen sie: *»Ich kann mich nicht entscheiden«* oder *»Das muss ich erst noch prüfen«*. Wenn die Abwehrhaltung gegen den Verkäufer oder die Angst davor, eine falsche Entscheidung zu treffen, größer ist als die Überzeugung zu der gezeigten Lösung des Problems, wird der Käufer nicht kaufen. Es kann auch passieren, dass er nicht kauft, nur um seine Abwehrhaltung zu rechtfertigen, egal wie gut das Produkt passt.

Deshalb stellen wir zu Anfang erst einmal in Frage, ob unser Produkt überhaupt das Richtige für den Käufer ist. Wir bitten den Kunden, uns zu helfen und mit uns gemeinsam herauszufinden, ob es sinnvoll ist, dass er unser Kunde wird. Um das zu schaffen, treffen wir nur eine Vereinbarung darüber, wie wir vorgehen und wie wir uns diesbezüglich verhalten werden.

Klare Vereinbarungen bedeuten für den Käufer und den Verkäufer, dass jedes Gespräch ein Resultat bringt. Entweder macht man weiter oder man hört auf.

Solange zu jeder Zeit eine klare Vereinbarung darüber besteht, wie es weitergeht, gibt es auch immer ein Ergebnis. Fällt das Ergebnis negativ aus, bleibt uns die Möglichkeit, weiter daran zu arbeiten oder aufzuhören. Die Entscheidung darüber ist nur sinnvoll, wenn wir wissen, woran wir sind und wo wir stehen.

Klare Vereinbarungen sind auch gut für Ihr Selbstbewusstsein! Dieser Vorteil ist nicht zu unterschätzen. Ein Verkäufer will Aufträge schreiben. Dafür setzt er sich in Bewegung; er investiert seine Zeit und seine Energie. Wenn er trotz großer Anstrengungen den Auftrag nicht bekommt, schlimmstenfalls mehrmals hintereinander, glaubt er, versagt zu haben. Das ist ausgesprochen schlecht für sein Selbstbewusstsein. Er kann dadurch sogar in eine Negativspirale geraten. Misserfolg macht missmutig, und Missmut führt zu weiterem Misserfolg. Für solche Fälle hat sich zwar sein Vorgesetzter intensiv mit Motivationstechniken auseinandergesetzt, aber man sollte es besser erst gar nicht so weit kommen lassen.

Stärkung des Selbstbewusstseins

Durch die Anwendung der Trojanischen Verkaufsstrategie kann man solchen Frust verhindern. Unser Vorgehen basiert auf Vereinbarungen. Entweder sie kommen zustande oder aber nicht. Man fühlt sich nicht als Versager, nur weil ein Kunde nicht auf einen Vorschlag eingegangen ist, denn man weiß, dass man keinen Fehler gemacht hat.

Damit vermeidet man auch ein großes Problem vieler Verkäufer: die Angst vor dem Versagen. Diese Angst entsteht, wenn der Verkäufer das Nein des Kunden persönlich nimmt und als Versa-

Versagensangst vermeiden

gen oder – noch schlimmer – als Ablehnung seiner Person wertet. Derart negative Emotionen verträgt kein Mensch auf Dauer. Irgendwann entsteht dann Angst. Wie wir wissen, hat dieser Mechanismus nichts mit dem Nein des Kunden zu tun, sondern nur mit den Gedanken des Verkäufers zu diesem Nein.

Behält der Verkäufer zu jeder Zeit die Kontrolle, fühlt er sich stark, und ein eventuelles Nein zu einer Vereinbarung löst keine negativen Gedanken aus. Das Gefühl der Macht, welches durch die Kontrolle hervorgerufen wird, erzeugt eine Positivspirale. Erfolg macht erfolgreich; erfolgreich zu sein beflügelt und sorgt für weitere Erfolge usw. Außerdem gibt der Umstand, die Kontrolle zu haben, große Sicherheit und die Zuversicht, etwas bewusst erreichen zu können. Auch das trägt zu erfolgreichem Handeln und einem positiven Gefühl bei!

Nicht vom Weg abweichen!

Nur das strikte Einhalten der beschriebenen Vorgehensweise und der Abfolge der Trojanischen Verkaufsstrategie bringt den gewünschten Erfolg. Deshalb sollten Sie sich das Konzept von Zeit zu Zeit noch einmal ansehen.

> **Der häufigste Fehler, der sich während der längerfristigen Anwendung einschleichen kann, ist die Verwässerung der konsequenten Durchsetzung der Entscheidungsvereinbarung. Nur leider funktioniert sie nicht, wenn sie aus Angst, den Interessenten damit zu vergraulen, nur halbherzig vereinbart und durchgesetzt wird.**

Dominantes Vorgehen Indem wir unsere psychologischen Strategien bei einem Kunden anwenden, immer den Ton angeben und die Richtung während des Verkaufs bestimmen, dominieren wir ihn. Das ist er überhaupt nicht gewohnt, und er mag das auch nicht, kann sich aber dagegen nicht wehren. Diese Quälerei nimmt er uns bis zur Entscheidung übel. Der Stolz über die getroffene Entscheidung und das euphorische Gefühl, welches entsteht, weil die Angst überwunden wurde, stimmen ihn wieder positiv. Er spürt, dass unsere bestimmende Art dazu nötig war, ihm über seine Entscheidungs-angst hinwegzuhelfen. Das schlechte Gefühl wegen unseres dominanten Vorgehens löst sich dadurch auf.

Lassen wir diesen Menschen gehen, ohne die Entscheidung herbeigeführt zu haben, nimmt er das negative Empfinden während des Gesprächs mit. Ihn ein bisschen zu quälen, nur so »zur Probe«, ist nicht hilfreich. Entweder sollten Sie das Konzept konsequent verfolgen und Entscheidungen herbeiführen oder sich aufs Anbieten zurückziehen – ohne Druck, aber wahrscheinlich auch ohne richtigen Erfolg.

Konzept konsequent durchziehen

Mit der Trojanischen Verkaufsstrategie werden Sie nicht alle Interessenten gewinnen. Nicht alle werden Ihrem Druck standhalten, nicht von allen bekommen Sie eine sofortige Entscheidung, und auch nicht mit jedem können Sie eine Vereinbarung darüber treffen. Trotzdem ist es besser, sieben von zehn Kunden durch strukturiertes, konsequentes Vorgehen zu gewinnen, als sich mit Zufallstreffern durch fleißiges Anbieten zu begnügen.

Was allerdings noch weitaus wichtiger ist als eine höhere Abschlussquote, ist das Gefühl der Macht und der Kontrolle anstatt des Gefühls der Ohnmacht und des Ausgeliefertseins!

Jetzt kennen Sie die Trojanische Verkaufsstrategie und damit einen genau definierten Weg, wie Sie zum Abschluss kommen können. Im nun folgenden dritten Teil des Buches erhalten Sie die »Waffen«, in Form von psychologischen Kniffen und Verhaltensweisen, um auf diesem Weg bestmöglich zum Ziel zu gelangen.

DRITTER TEIL

Psychologische Kniffe und Erkenntnisse

Umgang mit Fragetechniken

Im Folgenden lernen Sie einige ungewöhnliche Fragetechniken kennen, die sonst in Kundengesprächen selten oder gar nicht zum Einsatz kommen.

Die Endlosfragetechnik

Je dringender der Bedarf und je wichtiger das Ziel des potenziellen Kunden ist, desto stärker sind seine Emotionen bei diesem Thema. Persönliche Ziele und Wünsche sind stärker emotional als zum Beispiel Notwendigkeiten innerhalb einer Firma. Die Technik, um zum Kern der Emotion oder des Bedarfs vorzustoßen, ist die gleiche. Um herauszubekommen, was der Kunde wirklich will, benutzen wir die Endlosfragetechnik.

Wir stellen dem Interessenten eine Frage und hinterfragen dann seine Antworten so lange, bis es blödsinnig wird. Das kann länger dauern, als man annehmen möchte.

VERKÄUFER: *Halten Sie die private Altersvorsorge für wichtig?*   **Beispiel**
(Vorbereitende, geschlossene Frage)
KUNDE: *Ja, das tue ich.*
VERKÄUFER: *Warum ist das wichtig für Sie?*
KUNDE: *Weil ich der gesetzlichen Rente nicht mehr traue.*
VERKÄUFER: *Wieso trauen Sie der gesetzlichen Rente nicht?*
KUNDE: *Ich gehe davon aus, dass die Kassen leer sind, bis ich einmal Rente vom Staat erhalte.*
VERKÄUFER: *Was glauben Sie, lieber Kunde, wie viel Rente Sie wohl bekommen werden?*
KUNDE: *Zum Sterben zu viel, zum Leben zu wenig!*
VERKÄUFER: *Wie würde dann Ihr Leben aussehen?*
KUNDE: *Das möchte ich mir gar nicht vorstellen. Es wäre ziemlich*

schlimm. Aber noch habe ich ja die Möglichkeit, etwas daran zu ändern und privat vorzusorgen.

Wenn der Kunde sich Sorgen macht, haben wir eine heiße (negative) Emotion aufgedeckt.

Um den Bedarf nach privater Altersvorsorge zu ermitteln, muss nicht über die Gründe für die Misere der gesetzlichen Versorgung diskutiert werden – außer der Kunde fängt selbst damit an und lässt uns dadurch weiter in seine Emotionalität vordringen. Die erhaltenen Informationen können immer wieder zur Formulierung einer neuen Frage genutzt werden.

Die Endlosfragetechnik bietet uns einen Weg, zu den Emotionen des Kunden zu gelangen. Alle Entscheidungen sind stark emotional geprägt. Je tiefer wir in die Emotionen des Kunden vordringen können, desto einfacher haben wir es, unseren Verkauf zu realisieren.

Lieblingsthema des Kunden Sie kann auch dazu benutzt werden, den Kunden für uns zu gewinnen, indem wir ihm die Möglichkeit geben, über ein Thema, welches ihn besonders interessiert und das deshalb mit starken (positiven) Emotionen verknüpft ist, zu erzählen. Das kann ein Hobby oder auch ein schönes Urlaubserlebnis sein. Oft wollen die Menschen aus dem direkten Umfeld Ihres Kunden nichts mehr davon hören, weil er schon so häufig darüber gesprochen hat. Da sein Mitteilungsbedürfnis aber weiterhin sehr groß ist, wird er sich freuen, Ihnen davon erzählen zu können. Gelingt es Ihnen dabei, mit der Endlosfragetechnik zu intimen Details vorzustoßen, wird sein Unterbewusstsein Sie als Freund identifizieren, weil man nur Ihnen solche Dinge offenbart.

VERKÄUFER: *Reisen Sie gerne?*
     (Vorbereitende geschlossene Frage)
KUNDE: *Ja, sehr gerne sogar!*
VERKÄUFER: *Wohin reisen Sie denn meistens?*
KUNDE: *Eigentlich überall hin, aber am liebsten in die Karibik.*
VERKÄUFER: *Warum reisen Sie so gerne in die Karibik?*
KUNDE: *Weiße Strände, türkisfarbenes Meer und das positivste Lebensgefühl, das ich kenne.*

(Am Lächeln und Schwärmen erkennt man, dass die Emotionen heiß sind.)

VERKÄUFER: *Wo waren Sie denn schon in der Karibik?*

KUNDE: (In stolzem Ton) *Oh, da habe ich schon einiges gesehen, ich war auf Kuba, Curacao, Martinique, St. Lucia, Tobago und auf Isla Margarita.*

VERKÄUFER: *Hört sich toll an. Wo hat es Ihnen am besten gefallen?*

KUNDE: *Das ist schwer zu sagen, aber Isla Margarita war schon ziemlich klasse!*

(Die meisten Menschen würden jetzt aufhören, wir fragen weiter!)

VERKÄUFER: *Was war denn das Besondere an Isla Margarita?*

KUNDE: (Lächelt) *Wissen Sie, als ich dort war, gab es noch keine Direktflüge von Europa dorthin ...* (Jetzt legt er los!)

Fragen Sie so lange weiter, wie es Ihre Zeit erlaubt. Je länger Sie ihn in seinen schönen Gefühlen verweilen lassen, desto stärker wird seine Bindung zu Ihnen und desto eher wird er von Ihnen kaufen.

Bohrturm und Bohrfragen

Die erste Frage bezeichne ich als Anreißfrage und Bohrturm, das darauffolgende Hinterfragen der Antwort des Kunden als Nachfrage und Bohrfrage. Das Ziel des Nachhakens oder Bohrens ist es, von den lauen Emotionen über die warmen Emotionen zu den heißen Emotionen zu gelangen. Machen Sie immer so lange weiter, bis Sie merken, dass die Antworten des Kunden »gefühlsmäßig« kälter werden, dann können Sie mit einer weiteren Anreißfrage einen neuen Bohrturm bauen und an anderer Stelle fortfahren. Solange Sie merken, dass Ihr Kunde immer stärkere Gefühlsregungen in die Beantwortung Ihrer Fragen legt, machen Sie bitte weiter. Heiße Emotionen erkennen Sie an einem Lachen oder Lächeln Ihres Kunden, wenn diese positiv sind, und bei emotional negativ aufgeladenen Sachverhalten an »Wut« oder »Schimpfen«.

Grundsätzlich ist es unerheblich, ob Sie auf positive oder negative Gefühlswallungen stoßen, solange es heiße Emotionen sind, die Ihnen helfen, Freundschaft mit dem Kunden zu schließen. Es zeigt dem Kunden (bewusst und unbewusst) Ihr Interesse an ihm und seinen Problemen.

Wenn Sie es mit dieser Technik schaffen, so nah an Ihren Kunden heranzukommen wie ein guter Freund, wird er Sie auch so behandeln. Es verschafft Ihnen einen großen Vertrauensvorschuss, den Sie für sich nutzen können.

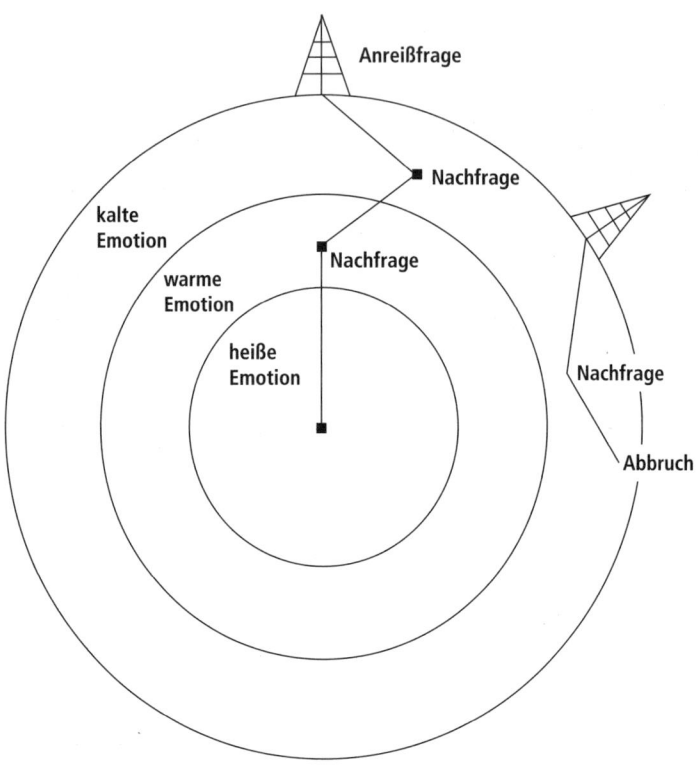

Mit dieser Technik gelingt es uns, von sehr allgemeinen Fragen, auf die wir selbst bei einem Kaltkontakt Antworten erhalten, bis zu sehr spezifischen Fragen eine Antwort zu bekommen.

Erklärungen geben Damit das Nachfragen nicht als Ausfragen empfunden wird, sollte man ab und zu, besonders bei wichtigen Details, eine Erklärung dafür geben, warum die Frage gestellt wurde:

- *Damit ich mir ein genaueres Bild von … machen kann.*
- *Ich frage deshalb, damit ich genau weiß, wie Sie es meinen.*

- *Ich frage Sie deshalb, damit ich besser einschätzen kann …*
- *Ich frage Sie aus folgendem Grund …*
- *Um das genau zu verstehen, eine Frage …*
- *Meinen Sie das eher so oder so? Warum?*
- *Damit ich Sie richtig verstehe, eine Frage.*
- *Um mir genau vorstellen zu können, wie Sie das genau meinen, sagen Sie mir doch bitte warum / wie / woran …*

Um die Endlosfragetechnik zu beherrschen, ist Übung nötig, da sie nicht zu unserem normalen Sprachgebrauch passt. Wir sind es gewohnt, Schlüsse zu ziehen und den Hintergrund von Antworten oder Aussagen mit unseren Erfahrungen zu deuten. Das geht schneller, als noch einmal nachzufragen, was oder wie etwas denn gemeint ist. Als wir noch Kinder waren, haben wir ständig Fragen gestellt und immer wieder nach dem Warum gefragt. Irgendwann wurden wir erwachsen und mussten so tun, als wüssten wir alles. Jedenfalls fragt man als Erwachsener nicht nach dem Warum, sondern versucht zu kombinieren. Dabei erfahren wir aber den wirklichen Hintergrund nicht.

Wir sehen die Welt durch unsere Augen, mit unseren Filtern. Oft wird dabei der Fehler gemacht zu glauben, der andere habe das gleiche Bild. Doch meistens unterscheidet sich seine subjektive Wahrnehmung von der unseren.

Ich empfehle, die Endlosfragetechnik mündlich und schriftlich zu üben. Die praktische Übung kann bei fast jedem Gespräch trainiert werden. Sie werden staunen, wie positiv viele reagieren werden, wenn man sie auf diese Weise ausfragt. Menschen fühlen sich geschmeichelt, wenn man sich für ihre Meinung, ihre Erfahrungen und ihr Wissen interessiert. Sie blühen geradezu auf, wenn jemand nach den Details fragt, und geben gerne Antwort. Das tut nämlich sonst niemand.

Technik üben

Bei der schriftlichen Übung sollten Sie sich zuerst überlegen, welche Anreißfragen für Ihr Produkt sinnvoll sind. Was könnte für Ihren potenziellen Kunden wichtig sein? Was kann Ihr Produkt, welche Vorteile bietet es? Dann schreiben Sie mindestens drei der Anreißfragen auf drei Blätter. Jetzt versetzen Sie sich gedanklich in Ihren Kunden und beantworten die drei Fragen nacheinander. Danach sind Sie wieder Verkäufer und hinterfragen die Antworten. Benutzen Sie beim Hinterfragen so viele Wörter aus der Antwort, wie möglich sind. Das Ziel ist es, maximal oft nachzufragen. Bei der schriftlichen Übung haben Sie alle Zeit der Welt; es sollten mindestens zehn Nachfragen pro Blatt sein. Wenn Sie lange genug nachdenken, sind noch mehr möglich. Schluss ist dann, wenn eine weitere Frage ins Lächerliche führen würde.

Die Gegenfragetechnik

Wenn uns der Kunde etwas fragt, erhält er erst einmal keine Antwort, sondern eine Gegenfrage. Stellt der Kunde uns beispielsweise eine Frage zur Lieferzeit, zum Preis oder anderem, antworten wir mit einer Gegenfrage, und zwar in der gleichen Art und Weise wie bei der Endlosfragetechnik. Eine Gegenfrage eignet sich auch als Einstieg ins Gespräch, nachdem Sie sich und Ihre Firma vorgestellt haben. Also: Frage des Kunden – Ihre Nachfrage – Antwort des Kunden – Ihre Nachfrage.

Indem wir erst einmal nicht antworten, bietet sich keine Angriffsfläche für Diskussionen und Streitgespräche. Stattdessen erhalten wir durch Gegenfragen Informationen, anhand derer wir entscheiden können, ob dieser Proband ein potenzieller Kunde für uns ist oder nicht. Darüber hinaus kommen wir so an wichtige Argumente für den späteren Verkauf.

Wenn wir feststellen, dass der Proband nicht für unser Produkt geeignet ist, können wir uns höflich verabschieden und haben keine Zeit vergeudet.

Nicht sich profilieren, sondern verkaufen

Auch die Gegenfragetechnik erfordert Übung, weil man als Verkäufer dazu neigt, sein Wissen und seine Kompetenz beweisen zu wollen. Es gehört schon etwas dazu, eine Frage aus seinem Spezialgebiet nicht zu beantworten, sondern mit den Worten: *»Das ist eine interessante Frage, warum ist das wichtig für Sie?«* nachzufragen. Da schreit das Ego ganz laut von innen: *»Beweise, dass du es weißt,* *zeig, was du kannst!«* Denken Sie immer an das Ziel, und das heißt nicht profilieren, sondern verkaufen.

Im Gegensatz dazu wird leider sehr oft erst einmal das Produkt ausführlich erklärt und präsentiert, um dann zu erfahren, dass es der Kunde gar nicht benötigt. Noch schlimmer als die verlorene Zeit und der Frust ist die hilflose Situation, in die wir geraten. Vielleicht behauptet der Interessent ja nur, das Produkt nicht zu benötigen, um dem erwarteten Verkaufsdruck zu entgehen. Außerdem fehlen uns ohne Nachfrage eventuell wichtige Informationen, anhand derer wir unsere Präsentation auf die spezifischen Belange des Interessenten ausrichten könnten.

> **Folgende Ausnahme sollte unbedingt beachtet werden: Fragt uns der Kunde das Gleiche zum zweiten Mal nacheinander und formuliert dabei seine zweite Frage identisch mit der ersten, erhält er sofort eine Antwort und keine Nachfrage von uns. Formuliert er die Frage beim zweiten Mal etwas anders, müssen wir nicht antworten und können weiter hinterfragen!**

Zunächst erst einmal ein schlechtes Beispiel: **Negativbeispiel**

KÄUFER: *Wie groß ist Ihre Firma?*
SIE: *Wir sind eine kleine, aber sehr schlagkräftige Firma!*

Es könnte sein, dass der Kunde nicht mit einer kleinen Firma zusammenarbeiten will. Wenn es ihm eventuell egal ist, ob Ihre Firma klein oder groß ist, könnte er Ihre Antwort trotzdem negativ bewerten, um sich ein Nicht-Kauf-Argument zu sichern. Wie es auch sein mag, Sie wissen es nicht und erfahren es erst, nachdem Sie geantwortet haben. Nur dann ist es zu spät.

Reagiert ein Kunde negativ auf eine solche Antwort, fängt der Verkäufer sofort an, sich dafür zu rechtfertigen. Er begründet, warum eine kleine oder eine große Firma gut oder besser für den Interessenten ist. Damit begibt er sich in die Defensive und verliert die Kontrolle. Um das zu vermeiden, beantworten wir keine Fragen, sondern stellen Gegenfragen.

Jetzt das gute Beispiel:

> **KÄUFER:** *Wie groß ist Ihre Firma?*
> **SIE:** *Das ist eine interessante Frage, warum haben Sie die gestellt?*
> Oder: *Es würde mich interessieren, warum Sie mir gerade diese Frage gestellt haben.*
> Oder: *Warum ist das wichtig für Sie?*
> **KÄUFER:** *Ich arbeite lieber mit großen Firmen!*

Sollte Ihre Firma eher klein sein, ist es sehr wichtig zu erfahren, warum der Käufer lieber von großen Firmen bedient wird. Meistens liefert er Ihnen dabei die Argumente, unter welchen Umständen die Firmengröße doch nicht entscheidend ist oder eventuell in speziellen Fällen die Kooperation mit einer kleinen Firma akzeptabel, vielleicht sogar besser wäre. Können Sie seine Vorbehalte kleinen Firmen gegenüber nicht entkräften, hat sich der Verkauf genau an dieser Stelle erledigt, und Sie sparen sich viel Zeit!

Ist die von Ihnen vertretene Firma als groß einzustufen, was dem Wunsch des Käufers entspricht, lassen Sie sich das bitte nicht anmerken. Die Aussage *»Da haben Sie aber Glück, wir sind eine sehr große Firma«* wäre völlig verkehrt. Tun Sie lieber etwas enttäuscht, so als ob Ihre Firma klein wäre, und fragen Sie, warum das wichtig für Ihren Kunden ist. Wenn der Käufer das Gefühl hat, einen wunden Punkt getroffen zu haben, indem er annimmt, Sie arbeiten für eine kleine Firma, wird er die Vorteile von großen Firmen als Geschäftspartner besonders hervorheben und Ihnen viele Argumente dafür liefern, weshalb er lieber von den großen Firmen, also von Ihnen, kauft.

Wenn er darauf nicht anspringt, werden Sie einfach noch ein bisschen negativer und formulieren in etwa so: *»Lieber Kunde, ich weiß nicht, ob wir irgendwann einmal zusammenarbeiten, vielleicht ist Ihnen unsere Firma zu klein. Aber sagen Sie mir doch bitte, aus welchem Grund haben Sie gerade diesen Punkt angesprochen?«*

Weiteres Beispiel Andere Frage:

> **KÄUFER:** *Ich beziehe diese Produkte seit 20 Jahren von der Firma XYZ, warum sollte ich die bei Ihnen kaufen?*

SIE: (Geben Sie ihm jetzt nicht die 25 Gründe, warum er bei Ihnen kaufen sollte!)

Vielleicht sollten Sie nicht, aber lassen Sie mich Ihnen eine Frage stellen ...

KÄUFER: *Sind Ihre Sachen denn besser als die von XYZ?*

SIE: *Nein, wahrscheinlich nicht.*

(Wenn Sie hier gesagt hätten, dies und das ist besser, müssten Sie das auch sofort beweisen und wären damit in der Defensive.)

KÄUFER: *Warum sollte ich dann bei Ihnen kaufen?*

SIE: *Das müssen wir erst noch herausfinden. Wenn wir objektiv sind, kein Anbieter ist in allem der beste ...*

Betreiben Sie keine Schönfärberei wie all die anderen Verkäufer!

KÄUFER: *Ich will die Beziehung zur Firma XYZ nicht abbrechen.*

SIE: *Das sollten Sie auch auf keinen Fall tun, Sie kennen uns ja noch gar nicht richtig. Niemand ist in allem perfekt, nicht die Firma XYZ und auch wir nicht. Bei welchem Produkt, Ihrer Meinung nach, ist denn die Firma XYZ die beste?*

KÄUFER: *Ich würde sagen, das Produkt A ist hervorragend und auch die Zuverlässigkeit ist ausgezeichnet.*

Was immer der Käufer sagt, auch wenn dies gegen Ihren Verkauf spricht, gehen Sie nicht dagegen an. Um einen Anhaltspunkt für einen Verkauf zu finden, können Sie versuchen, mit der noch folgenden Negativumkehr Argumente für Ihr Produkt zu bekommen.

Bevor Sie Antworten geben oder eine Gegenfrage stellen, machen Sie bitte immer ein paar Sekunden Pause. Wenn Sie zu schnell sind, merkt der Kunde, dass Sie nach einem Schema vorgehen!

Redepausen einlegen

Solange Ihr Kunde emotional in das Verkaufsgespräch eingebunden ist, wird er die Gegenfragen nicht bemerken. Der Käufer geht zu einem Verkäufer immer in Abwehrhaltung. Gute Gegenfragen schwächen die Abwehrhaltung des Käufers. Auf gut gestellte Gegenfragen, erhalten wir – meistens nach der dritten oder vierten – die wahre Antwort, die echte Einstellung des Kunden.

Achtung: Gegenfragen können arrogant wirken, wenn sie schlecht gestellt werden!

Deswegen leiten wir unsere Gegenfragen ab und zu mit einer positiven Aussage ein, wie folgende:

- *Gute Frage ...!*
- *Ich bin froh, dass Sie mich das fragen!*
- *Das ist ein guter Punkt!*
- *Das scheint mir eine wichtige Frage für Sie zu sein, doch bevor ich sie Ihnen beantworte, sagen Sie mir doch bitte, warum Sie mir gerade diese Frage gestellt haben?*

Leiten Sie Ihre Gegenfragen mit positiven Bemerkungen ein und sprechen Sie mit leisem, weichem Ton.

Stellen Sie sich vor, Sie stünden auf einer grünen Wiese und bückten sich, um ein paar Blumen für Ihre Liebste zu pflücken. Als Sie sich aufrichten, sehen Sie ganz nah einen sehr großen Stier, der Sie ausgesprochen unfreundlich ansieht und durch seine Nüstern schnaubt. Sie bewegen sich ganz langsam und sagen mit leiser, freundlicher Stimme: »*Lieber Stier, bleib ruhig stehen, ich will dir nichts tun, ich bin schon fast weg ...*«. Genau das ist die gefühlsmäßig richtige Art, eine Gegenfrage zu stellen: sehr defensiv und zurückhaltend, dann funktioniert sie.

Manchmal bohrt der Kunde so lange, dass man um die Beantwortung seiner Frage nicht herumkommt und es nicht möglich ist, mit einer Gegenfrage zu antworten. In diesen Fällen sollte die Antwort eingepackt werden.

KUNDE: (Fordernd) *Können Sie innerhalb von längstens drei Wochen liefern?*

SIE: *Nehmen wir an, ich könnte Ihnen das Produkt in drei Wochen liefern, wie würde Ihnen das gefallen?*

Oder: *Gesetzt den Fall, es wäre möglich, was würden Sie dazu sagen?*

Oder: *Das müsste machbar sein! Warum ist Ihnen das so wichtig?*

Der Kunde sammelt ständig Nicht-Kauf-Argumente, er sucht einen wunden Punkt!

KUNDE: *Haben Sie das auch in anderen Farben?*
SIE: *Ja natürlich, wir haben noch eine gelbe und eine blaue Ausführung.*
KUNDE: *Und wie steht es mit Grün?*
SIE: *Haben wir leider nicht!*

Ob das nun wirklich wichtig ist oder nicht – der Kunde hat jedenfalls wieder einen Grund, nicht zu kaufen. Deshalb so nicht!

KUNDE: *Haben Sie das auch in anderen Farben?*
SIE: *Warum ist das wichtig für Sie?*
KUNDE: *Es ist nicht so wichtig, aber eine grüne Ausführung würde mir gefallen.*
SIE: *Gut* (Sie haben kein Grün, deswegen einen positiven Eindruck erwecken!), *welche Farbe würde Ihnen noch gefallen?*
KUNDE: *Blau wäre auch okay, ist aber nicht so wichtig.*

Eine Alternative zur sofortigen Gegenfrage ist die Antwort-mit-Gegenfrage-Variante. Dabei beantworten wir die Frage des Kunden und stellen im gleichen Atemzug unsere Gegenfrage.

Antwort mit Gegenfrage

KUNDE: *Gibt es das auch in blau?*
SIE: *Ja, das haben wir auch in blau, lassen Sie mich Ihnen dazu eine Frage stellen. Warum möchten Sie gerne Blau?*

Die Kontrolle behalten

Eines der primären Ziele bei der Anwendung der Trojanischen Verkaufsstrategie ist es, die Kontrolle über das Verkaufsgespräch und damit auch über den potenziellen Kunden in Bezug auf den Kauf des Produktes zu behalten. Sie wissen, dass wir es strikt vermeiden, direkte Fragen zu beantworten, und über die Gegenfrage das Geschehen beherrschen. Genauso wichtig ist die Einhaltung der Reihenfolge der strategischen Schritte. Zuerst wird der Bedarf ermittelt, dann das Budget geklärt und die Entscheidung vereinbart, erst danach wird das Produkt präsentiert und durch den sofortigen Nachverkauf die Kaufentscheidung gefestigt.

Außerdem ist die Synchronisation des Tempos zwischen Käufer und Verkäufer sehr wichtig. Wir müssen es schaffen, den Kunden sachlich und gedanklich bei uns zu haben. Es ist schwer, eine Übereinkunft zu erreichen, wenn Sie noch bei der Bedarfsklärung sind, Ihr Klient aber bereits über den Preis nachdenkt.

Käufer zu schnell Wenn der Käufer zu schnell ist, also z.B. den genauen Preis erfahren will oder eine Präsentation wünscht, bevor die Entscheidungskriterien festgelegt sind, stoppen Sie ihn.

Sagen Sie ihm:

> *Lieber Käufer, das ist …*
> * *ein wichtiger Aspekt, den wir gleich behandeln,*
> * *eine gute Frage, die ich Ihnen gleich beantworte,*
> * *wichtig, darüber zu sprechen, deshalb kommen wir gleich dazu.*

Oder Sie fragen ihn:

> * *Können wir bitte zuerst noch schnell über die Entscheidungskriterien sprechen und dann weitergehen, wenn das zu unser beider Zufriedenheit geklärt ist?*

Wenn Ihr Käufer zu viel Druck macht, fragen Sie ihn: *»Lieber Käufer, warum setzen Sie mich so unter Druck?«* Sprechen Sie alles, was Ihnen unangenehm ist oder von Ihrem Weg wegführt, sofort und direkt an und klären Sie es, bevor Sie weitermachen!

Druck beim Kunden Sollte Ihnen die Kontrolle trotzdem entgleiten, sagen Sie das auch Ihrem Kunden, zum Beispiel mit folgender Aussage: *»Lieber Kunde, wir haben ein Problem!«* Danach bitte absolute Funkstille, warten Sie darauf, bis Sie gefragt werden, welches Problem es denn gibt. Wenn Ihr Kunde nicht fragt, wiederholen Sie Ihre Aussage. *»Lieber Kunde, wir haben wirklich ein Problem!«* Wenn Ihr Kunde Sie fragt, um was es geht, erklären Sie ihm genau die Schwierigkeiten, die Sie mit ihm haben, und fragen ihn dann: *»Herr Käufer,*

sehen Sie eine Möglichkeit, wie wir dieses Problem überwinden können?«
Der Druck muss zu Ihrem Kunden, nicht zu Ihnen!

Wann immer Sie eine Frage stellen, auf die Sie eine Antwort erwarten, geben Sie dem Gefragten Zeit zum Nachdenken und zum Antworten, auch wenn es lange dauert! Unterbrechen Sie nie die Stille und geben Sie bitte nicht die Antwort vor, auch wenn Ihnen das Schweigen Ihres Kunden unangenehm wird. Bei einer zu langen Wartezeit wiederholen Sie Ihre Frage und warten dann erneut auf die Antwort.

Es gibt nichts, was einen stärkeren Druck auf Ihren Kunden ausübt als Ihr Schweigen nach einer neuralgischen Frage! Ich kannte einen Verkäufer, der fast alle seine Abschlüsse erschwiegen hat und damit ausgesprochen erfolgreich war. Denken Sie einmal darüber nach!

Wenn Sie dem Kunden eine Frage stellen oder mit einer Frage antworten, müssen Sie von ihm unbedingt eine Antwort bekommen, um die Kontrolle zu behalten!

Da der Kunde das hier beschriebene Frageschema nicht kennt, kann es manchmal dauern, bevor er etwas sagt. Das gilt im Besonderen für Informationen, die wir ihm entlocken, obwohl er sie uns eigentlich nicht geben wollte. Sollte das Schweigen zu lange andauern, wiederholen Sie die Frage, möglichst identisch formuliert, noch einmal. Für den Fall, dass er immer noch nicht antwortet, können Sie nachfragen, ob er Sie eventuell nicht verstanden hat. Haken Sie so lange freundlich bemüht nach, bis er seine Abwehrhaltung gegen Ihre Frage aufgibt.

Stellen Sie sich den Verkauf als einen klar vorgezeichneten Weg vor. Die erste Kontaktaufnahme ist der Startpunkt, der Abschluss das Ziel, sofern der Kunde zwischenzeitlich nicht als ungeeignet disqualifiziert wird. Um das Ziel zu erreichen, gehen wir den Weg Schritt für Schritt entlang. Wir machen keine Sprünge und vermeiden es, zu weit vom rechten Weg abzukommen. Auf dem Weg zum Ziel gibt es aber Hindernisse, die wir als Steine bezeichnen. Aus unterschiedlichen Gründen legt uns der Kunde Steine in den Weg, andere ergeben sich aus der Situation des Kunden

Steine aus dem Weg räumen

und sind bereits dort, bevor wir losmarschiert sind. Wenn wir an einen Stein kommen, dürfen wir auf keinen Fall versuchen, ihn zu umgehen, sondern müssen ihn zur Seite schaffen! Und zwar unabhängig davon, wie groß der Stein ist und wie lange es dauert. Wenn wir Probleme des Kunden, also Steine, nicht beachten oder umgehen, können sie uns später den Abschluss vermasseln.

In manchen Fällen kann es sinnvoll sein, das Wegräumen eines Steines, also die Klärung eines Problems oder einer Frage, auf einen späteren Zeitpunkt zu verschieben. Dann sollten Sie sich das wirklich gut notieren, damit Sie es auf keinen Fall vergessen.

Steine müssen erst weggeräumt werden, bevor wir weitergehen! Auch wenn Sie nur ein leichtes Gefühl bekommen, Ihr Kunde hätte ein Problem mit irgendetwas, fragen Sie ihn und klären Sie sofort, ob es einen Stein gibt. Gibt es ein Problem, muss dieses zuerst erledigt werden, bevor Sie mit dem Konzept weitermachen. Oft verdrängen Verkäufer diese Gefühle und sind froh, wenn gewisse Sachen nicht angesprochen werden. Oder sie glauben, sie könnten dadurch Zeit sparen, indem sie eventuelle Probleme des Kunden ignorieren und sich deshalb nicht die Mühe machen müssen, sie zu klären.

Aufgeschobene Erklärungen

Ganz schlimm können sich aufgeschobene Erklärungen und Antworten auswirken, wenn diese absichtlich oder aus Nachlässigkeit vergessen werden – bestenfalls in der Hoffnung, der Kunde erinnere sich nicht mehr daran. Selbst wenn der Käufer seine Frage vergessen hat, die fehlende Erklärung erzeugt bei ihm ein Gefühl der Unvollständigkeit. Wenn der Verkäufer dann in der Abschlussphase von seinem Kunden die Erklärung erhält: »*Es gefällt mir gut, aber ich habe ein komisches Gefühl dabei!*«, sollte er sich nicht wundern.

Nicht gestellte Fragen

Aussagen in Fragen verwandeln

Beantworten Sie keine ungestellten Fragen! Wenn der Kunde sagt: »*Das ist zu teuer!*«, so ist das keine Frage, sondern eine Feststellung, auf die man nicht eingehen muss, insbesondere nicht durch Rechtfertigung! Oft interpretieren wir Aussagen als Fragen, wenn wir davon ausgehen, dass der Kunde eine Reaktion darauf erwartet. Die Behauptung »Das ist zu teuer!« ist dazu gedacht, Sie unter Druck zu setzen. Der Kunde hofft auf Ihre Rechtfertigung, um mit Ihnen eine Diskussion führen zu können, die ihm Nicht-Kauf-Argumente liefert. Das machen wir natürlich nicht. Wir geben den Druck an den Käufer zurück, indem wir aus der Aussage eine echte Frage bilden.

KUNDE: *Der Preis ist mir zu hoch!*
SIE: *Lieber Kunde, was heißt zu hoch?*
　　　Oder: *Warum meinen Sie, der Preis sei zu hoch?*
　　　Oder: *In Bezug worauf ist Ihnen der Preis zu hoch?*

Durch die Gegenfrage entgehen wir dem Druck und erhalten Informationen. Wir finden heraus, ob der Kunde handeln will und das Preisgespräch sucht oder ob er nur eine Ausrede für seinen Rückzug sucht, weil ihm der Druck zu stark ist.

KUNDE: *Die Lieferzeit ist zu lang!*
SIE: *Warum ist Ihnen die Lieferzeit zu lang?*
　　　Oder: *Welche Lieferzeit haben Sie sich vorgestellt?*
　　　(Danach Antwort hinterfragen) *Aus welchem Grund …?*
KUNDE: *Die Situation gefällt mir nicht!*
SIE: *Was meinen Sie damit?*

Die Situation testen

Wenn Sie ein komisches Gefühl haben und nicht wissen, woran Sie mit Ihrem Interessenten sind, testen Sie die Situation. Im Prinzip funktioniert das genau wie alles andere. Um zu erfahren, was Sache ist, fragen Sie einfach danach, indem Sie aussprechen, was Sie fühlen, und den Kunden bitten, Ihnen zu sagen, ob es zutreffend ist.

Gefühle aussprechen

　　Herr Kunde, ich habe das Gefühl, dass …
　　• *Sie mir irgendwie ausweichen!*
　　• *Sie an einer schnellen Lieferung interessiert sind!*

- *Sie besonderen Wert auf ... legen!*
- *Sie gerne mit uns zusammenarbeiten wollen!*
- *Sie nicht gerne mit uns/mir zusammenarbeiten wollen!*
- *Ihnen irgendetwas nicht gefällt!*

... Ist das richtig?

Bejaht der Gefragte, können Sie weitermachen, indem Sie eine Frage nach dem Warum stellen. Sagt Ihr Kunde, dass Ihr Gefühl nicht richtig ist, können Sie ihn fragen, was dann zutrifft.

Zwischenabschluss-fragen stellen Um zu testen, wie die Situation und das Gespräch aus Kundensicht beurteilt wird, und zu Ihrer Bestätigung, dass Sie noch auf dem richtigen Weg sind, können Sie Zwischenabschlussfragen stellen. Diese unterscheiden sich von Vorabschlussfragen, (die man vermeiden sollte,) dadurch, dass nicht nach der Kaufbereitschaft, sondern nach dem Stand der Dinge gefragt wird.

- *Entspricht das Ergebnis Ihren Erwartungen?*
- *Wie gefällt es Ihnen, dass ...?*
- *Sind Sie so weit zufrieden mit mir?*
- *Bin ich zu schnell?*
- *Passt Ihnen meine Art, etwas zu erklären?*
- *Habe ich das ausreichend erklärt?*
- *Hatten Sie sich das so vorgestellt?*

Die Frage gibt Ihrem Kunden die Möglichkeit, etwas zu bemängeln, ohne Sie direkt zu kritisieren, denn das traut er sich meistens gar nicht. An der Antwort erkennen Sie, wie es steht, ob Sie etwas besser machen sollten oder es etwas gibt, worüber gesprochen werden sollte, bevor Sie weitermachen.

Der Klassiker unter den Zwischenabschlussfragen ist folgende sinnvolle Kombination, nachdem Sie eine längere oder komplizierte Erklärung über einen Vorteil Ihres Produktes gegeben haben:

- *Haben Sie dazu noch Fragen?*
- *Könnten Sie es mir noch einmal mit Ihren Worten wiedergeben, so wie Sie es verstanden haben, damit ich sehe, ob ich es gut genug erklärt habe?*

- *Wie gefällt es Ihnen?*
- *Was gefällt Ihnen daran am besten?*

Wenn etwas besonders gut war und Sie einen großen Vorteil auf-
zeigen konnten, der Kunde aber sehr cool bleibt, obwohl er sich
darüber freuen müsste, können Sie ihm mit der noch folgenden
Negativumkehr etwas mehr Begeisterung entlocken.

**Begeisterung
entlocken**

- *Ist das gut genug für Sie?* (Wenn es mehr als gut genug war!)
- *Das reicht Ihnen wahrscheinlich nicht?*
- *Hat Ihnen wohl nicht gefallen?*
- *Ist Ihnen nicht schnell genug, oder?*
- *Das erfüllt nicht Ihre Ansprüche, oder?*
- *Sie haben mehr erwartet, richtig?*

Meistens entweicht ihm ein kleines Lächeln dabei, Ihnen zu erklären, warum er keine Begeisterung zeigt. Das Ergebnis wird
dann als *»ganz in Ordnung / gar nicht so schlecht / nein, passt schon«*
beschrieben. Andernfalls wissen Sie, etwas läuft nicht, wie es sollte, und können nachhaken.

Der Weg vom ersten Satz bis zum Abschluss ist klar vorgezeich-
net. Sie kommen jedoch nur dann ohne große Umwege dorthin,
wenn Sie jederzeit wissen, wo Sie sind! Deshalb sollten Sie zur
Sicherheit ab und zu die Situation abchecken.

Den Kunden vorbereiten und mitwirken lassen

Vorabinformationen geben

Menschen, die nicht wissen, was auf sie zukommt, haben Angst. Deshalb sollten Sie Ihren Kunden vor dem Gespräch kurz darüber informieren, was Sie mit ihm machen wollen. *»Ich möchte mit Ihnen darüber und darüber sprechen und gemeinsam mit Ihnen herausfinden, ob …, sind Sie damit einverstanden?«* Jetzt können Sie mit Ihrem Kunden arbeiten. Er weiß, was auf ihn zukommt, und braucht keine Angst davor zu haben.

Um den Kunden vorzubereiten auf das, was kommt, geben Sie ihm die notwendigen Vorabinformationen.

Die Vorabinformation kann auch legitimierend genutzt werden. Während meiner Tätigkeit in der Finanzdienstleistungsbranche wurde mit den potenziellen Kunden beim ersten Termin eine Analyse durchgeführt. Diese diente zur Kundenqualifikation sowie zur Ermittlung des Bedarfs. In den meisten Fällen handelte es sich um Kalttermine. Das heißt, der Kunde kannte weder die Firma noch den Analysten. Um den Bedarf genau zu erkennen, brauchten wir sehr persönliche Daten. Wie stellt man es an, beim ersten Termin von einem Wildfremden exakte Informationen zu seinem Einkommen, zu Krediten und allen finanziellen Verpflichtungen wie zur Höhe der Miete usw. zu bekommen? Darüber hinaus musste uns dieser Kunde seine aktuelle Vermögenssituation mit allen Anlagen, Investitionen, Versicherungen usw. offenlegen.

Aufzählung im richtigen Tempo Einer der vorbereitenden Schritte, dies zu erreichen, war es, ihm das vorab zu sagen. Dabei haben wir drei Punkte aufgezählt, die wir mit ihm behandeln wollten. Einer dieser Punkte war die Beurteilung seiner aktuellen Finanzsituation. Die Aufzählung erfolgte so langsam, dass er die Information aufnimmt, aber zu schnell, um nachzufragen oder insistieren zu können. Obwohl er keine echte Möglichkeit des Einspruchs hatte, ohne es zu bemerken, haben wir damit unser Vorgehen legitimiert, ihn diese Dinge zu fragen. Was aber noch wichtiger war: Sein Gefühl hat seine stillschweigende Zustimmung ebenfalls anerkannt, und wir haben alle persönlichen Daten erhalten.

Stellen Sie sich bitte vor, Sie wären beim Zahnarzt. Sie sitzen auf dem Behandlungsstuhl und sind noch einigermaßen entspannt. Der Zahnarzt bittet Sie, den Mund weit zu öffnen, und kratzt dann an Ihren Zähnen herum. Dabei wird Ihnen schon leicht mulmig. In dem Moment, wo der Zahnarzt den Bohrer in die Hand nimmt und Sie dieses Geräusch hören, wie es nur von einem sich schnell drehenden Zahnbohrer erzeugt wird, bekommen Sie den ersten leichten Schweißausbruch, obwohl der Bohrer noch nicht einmal in Ihrem Mund ist. Der Bohrer war noch nicht im Mund, also kann es auch nicht wehgetan haben. Trotzdem hatten Sie einen, wenn auch kleinen, Schweißausbruch. Das ist eine Angstreaktion, erzeugt von Ihrer Erwartung und der Ungewissheit über das, was passieren wird.

Beim Zahnarzt

So ähnlich geht es Ihrem Kunden, wenn er nicht weiß, was Sie mit ihm machen werden: Denn er hat Angst vor Ihren Verkaufstricks und Abschlusstechniken und möchte auf keinen Fall etwas angedreht bekommen.

Stellen Sie sich bitte noch einmal die Situation bei Ihrem Zahnarzt vor. Diesmal informiert er Sie aber vorher, was er mit Ihren Zähnen machen wird. Er beruhigt Sie und sagt, es wird nicht wehtun, da er nur ein winziges Loch bohren will. Das Loch ist so klein und so weit vom Nerv entfernt, dass Sie es kaum spüren werden. Das mulmige Gefühl bleibt, vielleicht aber ohne Schweißausbruch, obwohl der Bohrer in Ihrem Mund ist.

Lassen Sie sich helfen!

Menschen sind soziale Wesen und im Allgemeinen hilfsbereit. Sie haben das Bedürfnis, sich einzubringen. Jedoch lässt man sie nicht, und zwar seit ihrer Kindheit. Dieses Streben nach dem »Wir« kann man für den Verkauf nutzen. Lassen Sie sich von Ihrem Kunden helfen, wo immer Sie können! Benötigen Sie für Ihre Präsentation schwere Gegenstände, sollte der Kunde sie tragen oder zumindest dabei helfen.

Den Kunden tragen lassen Zu Beginn meiner Karriere als Verkäufer für einen Allfinanzvertrieb erstellte ich Analysen. Die meisten Analysetermine waren mittels Kaltakquise am Telefon zustande gekommen und fanden bei den Kunden statt. Als ich den Kunden mit leeren Händen an seiner Tür begrüßt hatte, bat ich ihn, mit mir zu meinem Fahrzeug zu kommen, um mir beim Tragen einiger beratungsrelevanter Dinge behilflich zu sein. Dieser Bitte kam der Kunde in allen Fällen nach. Bei meinem PKW angekommen, habe ich ihn dann mit einem Fernseher mit eingebautem Videorekorder und einem 10 Meter langen Verlängerungskabel beladen. Ich trug nur meine Tasche in der einen und eine Videokassette in der anderen Hand. Das Prozedere haben wir bei jedem Wetter und jeder Distanz zum Parkplatz durchgeführt. Bei Kundinnen trug ich nur den Fernsehapparat, die Kundin meinen Koffer, das Video und das Kabel. In der Wohnung angekommen, suchte ich den zur Steckdose ungünstigsten Platz für das Fernsehgerät aus und rollte das Zehn-Meter-Kabel aus.

Mein Ziel war es, gemeinsam mit dem Kunden auf möglichst umständliche Weise das Gerät für die Vorführung zu installieren. Bestenfalls mussten dabei Möbel verrückt werden. Warum dieser Aufwand?

Wenn Sie einmal gemeinsam mit jemandem unter dem Tisch herumgekrochen sind und er Ihnen beim Verrücken seiner Einrichtung geholfen hat, assoziiert sein Unterbewusstsein eine bestehende Freundschaft, da die in seinem Gehirn abgespeicherten Muster ähnlicher Qualität ausschließlich im Zusammenhang mit seinen Freunden, Bekannten und Verwandten stehen.

Nicht immer ist ein solch extremes Vorgehen möglich. Versuchen Sie einfach, so viel Hilfe wie irgend machbar von Ihrem Kunden zu bekommen. Der damit erzielte Effekt ist immer positiv. Wer fordert, der fördert!

Solange dem Kunden durch Ihr Produkt oder Ihre Dienstleistung ein Vorteil entstehen kann, sind alle Tricks legitim. Seien Sie sich für nichts zu schade, was Ihrem Ziel dient, den Abschluss zu erreichen. Verkauf hat immer etwas mit Manipulation zu tun!

Die Vorgehensweise, den neuen Kunden mit leeren Händen zu begrüßen, hat noch einen anderen Grund: Beim ersten Kontakt mit einem Interessenten sollten Sie so wenig wie möglich bei sich tragen, es könnte ihn sonst erschrecken. Solange der Kunde Sie nicht kennt, stellen Ihre Unterlagen, Broschüren und Muster die Waffen dar, mit denen Sie ihn »kriegen« wollen. Deshalb sollten Sie sich eine Strategie überlegen, wie Sie es schaffen, ihm anfangs unbewaffnet entgegenzutreten. Hat er Sie erst einmal als Mensch akzeptiert und glaubt, Sie werden versuchen, ihm zu helfen, wird er ihre Ausrüstung nicht mehr als Bedrohung ansehen.

Dem Kunden unbewaffnet entgegentreten

Den Kunden spielen lassen

Wenn sich jemand für etwas interessiert und den Erwerb der Sache ernsthaft in Erwägung zieht, will er es ausprobieren. Zigtausend Jahre lang haben Menschen den Nutzen einer Sache durch Anfassen und Probieren beurteilt. Erst jetzt in unserer modernen Zeit können wir die möglichen Vorteile von Dingen auf Grund unseres hohen Bildungsstandes und unserer breit gestreuten Erfahrungen auch theoretisch einschätzen. Dennoch ist der instinktive haptische Reflex, also das Anfassen- und Probieren-Wollen, erhalten geblieben.

Deshalb sollten Sie, so weit wie irgend möglich, das Produkt durch Ihren Kunden anfassen und benutzen lassen. Er soll den Stecker anschließen, das Gerät einschalten und probieren.

Ein gefühlter und erlebter Nutzen wiegt tausendmal mehr als ein theoretischer!

Ausprobieren lassen
Ist Ihr Produkt berührbar und Ihr Kunde will es nicht anfassen, haben Sie ein Problem! Wenn er es benutzt, gehört es ihm, und er will es nicht mehr hergeben, also kauft er es. Deshalb müssen Sie dafür sorgen, dass er es nimmt und persönlich testet. Macht er dabei etwas falsch, korrigieren Sie ihn ganz vorsichtig, reißen Sie ihm das Ding auf keinen Fall aus der Hand. Coachen Sie ihn so lange, bis er es ganz gut macht. Zeigen Sie ihm nicht, dass Sie es besser können. Wenn es gar nicht anders geht, machen Sie es vor und lassen Sie es ihn nachmachen.

Nutzen vorstellen
Wollen Sie eine Dienstleistung oder etwas verkaufen, das sich nicht anfassen lässt, muss der dadurch erzielbare Vorteil imaginiert werden. Damit der Kunde sich den Nutzen vorstellen und in seinen Gedanken ein Bild davon malen kann, braucht er einen Anstoß. Fragen Sie ihn, ob er sich den Zustand vorstellen kann, wenn ihm der Vorteil Ihrer Dienstleistung zuteil wird. Geben Sie ihm dafür leichte Anstöße und Anregungen.

Wenn dann seine Augen geradeaus starren, quasi durch Sie hindurchsehen – die Iris steht dabei mittig –, haben Sie es geschafft. Es entsteht in seiner Vorstellung das Bild des positiven Zustandes, der durch Sie herbeigeführt werden kann. Dabei dürfen Sie ihn auf gar keinen Fall stören oder unterbrechen. Seien Sie dann einfach still und warten Sie, bis er etwas sagt.

Der Kunde hat immer Recht!

Sie sollten den Tanzschritt beherrschen, geschmeidig sein, den Kunden führen, ihm aber nicht auf die Füße treten.

Gehen Sie nicht in Opposition zu Ihrem Kunden. Sagt er etwas, das Ihnen nicht gefällt, oder widerspricht er Ihnen, lenken Sie ein, indem Sie ihn zuerst bestätigen und dann durch Fragen wieder auf die Spur bringen.

Nutzen Sie dazu abfedernde Aussagen wie folgende:

- *Kann ich gut verstehen, wie …?*
- *Macht Sinn, wenn allerdings …*
- *Selbstverständlich, man sollte in diesem Zusammenhang auch daran denken, dass …*
- *Das ist ein guter Einwand, wie sehen Sie denn …?*
- *Das klingt einleuchtend, warum …?*
- *Das kommt oft vor!*
- *Da haben Sie Recht!*
- *Das würde ich auch nicht tun, wenn nicht …*

Vermeiden Sie unbedingt die Formulierung: »Ja, aber …« !

Denn *»Ja, aber …«* heißt so viel wie: *»Kunde, du hast Unrecht!«* Es ist ein verbaler Angriff, der leicht in Streit ausarten kann.

Der Käufer ist total begeistert

Achten Sie darauf, wie begeistert Ihr Kunde ist. Menschen, die wirklich etwas kaufen wollen, sind ernst. Stellen Sie fest, Ihr Kunde ist allzu begeistert, läuft etwas falsch! Sprechen Sie ihn darauf an und holen Sie ihn auf die Spur zurück. Das können Sie durch Vorabschlussfragen erreichen.

Ich kann mich an eine typische Situation dieser Art erinnern. Der Proband wollte zwar nicht kaufen, jedoch unbedingt mein Konzept sehen. Er sagte mir mehrfach zu, sich zu entscheiden. Er dachte wahrscheinlich, das schaue ich mir an, dann überlege ich in aller Ruhe und kaufe dann eventuell später. Dieser Mensch war von dem, was ich ihm zeigte, die ganze Zeit völlig begeistert. Er wollte mir damit seine grundsätzliche Kaufbereitschaft signalisieren, damit ich mich später auf seinen *»Das-muss-ich-mir-trotzdem-noch-überlegen«*-Vorschlag einlasse. Als ich es bemerkte, sprach ich ihn darauf an und fragte, was ich ihm noch zeigen müsste, damit er heute mein Kunde wird. Solche direkten Vorabschlussfragen sollte man nur stellen, wenn es erforderlich ist, wie in der beschriebenen Situation. Darauf rückte er mit der Wahrheit heraus,

Zu große Begeisterung

dass er sich prinzipiell nie beim ersten Mal entscheidet. Er konnte es kaum glauben, dass ich ihm einen nächsten Termin strikt verweigerte, obwohl er mir inständig versicherte, dann mein Kunde werden zu wollen. Ich erklärte ihm, er könne gerne mein Kunde werden, dann aber jetzt, andernfalls kann er sich auch entscheiden, nicht mein Kunde zu werden. In beiden Fällen würden wir uns einen zusätzlichen Termin sparen.

Konsequentes Vorgehen Da die Trojanische Verkaufsstrategie so gut funktioniert, bin ich auf einen einzelnen Kunden nicht angewiesen. Außerdem verzichte ich gerne auf Kunden, die mich auf den Arm nehmen wollen und mir die Zusage, sich zu entscheiden, nur geben, um meine Präsentation zu sehen. Das Schlimmste aber wäre die negative Auswirkung auf mein weiteres Verkaufsverhalten. Würde ich mich auf die Bitte des Kunden einlassen und sollte daraufhin einmal einer dieser *»Ich-muss-es-mir-noch-überlegen«*-Typen tatsächlich wiederkommen und kaufen, speicherte mein Gehirn diese Möglichkeit als funktionierende Option ab. Darunter würde meine Konsequenz leiden und meine Vorgehensweise verwässern. Die Vereinbarung zur Entscheidung und das Beharren darauf wären geschwächt, weil mein Unterbewusstsein mir ständig versuchte mitzuteilen: *»Lass ihn halt gehen, vielleicht kommt er ja wirklich zurück und kauft, das hat schon einmal funktioniert.«*

> **Alle Menschen, mich eingeschlossen, haben die Tendenz zum Weg des geringsten Widerstandes! Machen Sie sich das bewusst und achten Sie auf eine konsequente Vorgehensweise.**

Einwände und Vorwände

Einwände sind sachlich orientierte, die Präsentation oder die Vereinbarungen betreffende Aussagen. Vorwände sind emotional gefärbte, allgemeine Bemerkungen, die vom Kauf und von einer Entscheidung wegführen. Durch Vorwände versucht der Kunde, seine Position zu stärken. Vorwände lassen sich nur ausräumen, indem sie vorher durch Fragen in Einwände umgewandelt werden.

- *Meinen Sie damit, dass …?*
- *Bedeutet das …?*
- *Verstehe ich Sie richtig …?*

Einwände bestätigen das Interesse des Kunden und sind mutig. Vorwände signalisieren eine Abwehrhaltung des Kunden und sind durch Angst geprägt. Je nachdem, ob Ihr Kunde Einwände oder Vorwände vorbringt, können Sie erkennen, wo er sich emotional befindet.

Ihr Kunde ist Ihnen in Bezug auf Ihr Produkt oder auf die gewünschte Problemlösung unterlegen, da Sie bedeutend mehr darüber wissen als er. Durch seine Einwände zeigt der Käufer Stärke und hebt sich emotional auf das Niveau des Verkäufers. Indem er Verhandlungsstärke demonstriert, gleicht er damit seine durch Unwissen bedingte Unterlegenheit aus. Dies macht es bedeutend einfacher für Sie, den Verkauf zum Abschluss zu bringen.

Käufer zeigt Stärke

Verhält der Kunde sich neutral, das heißt, lässt er Sie reden und sagt nichts dazu, scheint dies zunächst ein einfacher Verkauf zu werden. Dem ist aber nicht so. Ein ausgesprochen zurückhaltender Käufer versucht, seine Unterlegenheit auszugleichen, indem er Sie auflaufen lässt. Er wiegt Sie in Sicherheit und sein Entschluss, Nein zu sagen, wächst.

Einwände müssen ausgeräumt oder wenigstens abgeschwächt werden. Nach der Argumentation, die das bewirken soll, muss der Kunde gefragt werden, ob der Einwand geklärt und ob er mit dem Ergebnis einverstanden ist. Sollte es nicht möglich sein, den Einwand zu klären oder zu schwächen, brauchen wir die Bestätigung, dass unser Kunde damit leben kann. Versuchen Sie bitte nicht, das durch den Einwand erzeugte Manko Ihres Produktes durch die Nennung von Positivaspekten zu relativieren. *»Mein Produkt gibt es zwar nicht in grüner Farbe, aber sehen Sie doch einmal, wie gut es verarbeitet ist!«*, wäre völlig verkehrt. Biedern Sie sich niemals an!

Das richtige Timing und der richtige Start

Timing während des Verkaufsgesprächs

Bestenfalls sollten Sie schon während der Vereinbarung des Gesprächstermins den von Ihnen benötigten Zeitbedarf mit Ihrem Kunden abstimmen. Spätestens jedoch zu Beginn des jeweiligen Termins muss der zur Verfügung stehende Zeitrahmen festgelegt werden. Nur so können Sie entscheiden, wie weit Sie während des Termins gehen werden, was Sie machen und erreichen wollen.

Lassen Sie sich nicht unter Zeitdruck setzen! Ist Ihnen die Zeitspanne für Ihr Verkaufsgespräch oder für den geplanten Teil davon zu kurz, sagen Sie das Ihrem Kunden und fragen ihn, wie viel er noch zugeben kann. Im Zweifelsfall sollten Sie den Termin auf einen besseren Zeitpunkt verschieben. Nur wenn Sie wissen, wie viel Zeit Ihnen zur Verfügung steht, können Sie Ihr Timing richtig planen.

Unterbrechungen vermeiden — Auch in dem Fall, dass Ihr Kunde »eigentlich« ausreichend Zeit für Sie hat, kann es passieren, dass er versucht, sich vor der Entscheidung zu drücken, indem er Zeitnot simuliert. Das kann Ihnen nicht passieren, wenn Sie vorher mit ihm darüber gesprochen und eine Vereinbarung getroffen haben.

Zeit ist kostbar! Deshalb sollten Sie so schnell als möglich mit dem beginnen, was Sie vorhaben. Sagen Sie Ihrem Kunden: »*Herr Kunde, Ihre Zeit ist kostbar, lassen Sie uns am besten gleich anfangen, einverstanden?*«

Treten während Ihres Gesprächs häufige Unterbrechungen auf, indem Ihr Käufer Telefonate entgegennimmt oder von anderen Personen gestört wird, fragen Sie ihn, ob sich diese Störungen für die Zeit Ihres Gesprächs vermeiden lassen. Ist dies nicht möglich, versuchen Sie, einen neuen Termin zu bekommen, zu dem ein ungestörtes Gespräch möglich ist, oder verlängern Sie den Zeitrahmen für das Gespräch entsprechend.

Der Einstieg ins Verkaufsgespräch

Die ersten drei Sätze sind wichtiger als die folgenden tausend. Deshalb empfehle ich Ihnen, wie schon vorher erwähnt, die ersten Sätze schriftlich zu formulieren und auswendig zu lernen. Lesen Sie aber bitte erst das Kapitel »Die richtige Rhetorik« (Seite 191). Die ersten drei Sätze beginnen bereits damit, dass Sie sich vorstellen, und die direkt darauf folgenden Worte sind auch noch von größerer Bedeutung als die weiteren.

Dazu noch eine Anmerkung, die unbedingt beachtet werden muss. Starten Sie die Warm-up-Phase nicht mit privaten Themen. Die manchmal zwanghaften Bemühungen von Verkäufern, einen Aufhänger für einen privaten Plausch zu finden, um dadurch »das Eis zu brechen«, sind nicht nur unnötig, sondern unbedingt zu vermeiden. Diese Blindschüsse können zu schnell nach hinten losgehen.

Der Verkäufer betritt das Büro, reicht dem Chef die Hand und fragt freudig lächelnd, noch bevor er sich richtig vorgestellt hat: *»Schöner Porsche da draußen, gehört der Ihnen?«* Der Chef verzieht seine Miene und antwortet: *»Die Scheißkarre gehört meinem bekloppten Sohn und kostet nur sehr, sehr viel Geld.«*

Gespräche über private Themen muss der Kunde beginnen, nie der Verkäufer!

Da eine kurze private Unterhaltung wirklich helfen kann, das Eis zu brechen, können Sie den Interessenten mit Blicken oder Gesten dazu animieren, ein solches Gespräch zu beginnen. Wenn Sie ein

Golfschläger

Büro betreten und einen Golfbag entdecken, schauen Sie einfach etwas länger hin. Spricht der Kunde gerne über Golf, wird er sich darauf einlassen und Sie fragen, ob Sie auch Golf spielen. Aber lassen Sie die Feststellung: *»Wie ich sehe, spielen Sie Golf!«* bitte weg, denn entweder steht der Golfbag da, weil er Golf spielt, oder aber auch nur, um Verkäufer zu entlarven, die dämliche Bemerkungen machen. Und vielleicht mag er Golf gar nicht, und das Ding gehört seiner Frau. Dieser Hinweis bezieht sich hauptsächlich auf Geschäftskunden, aber auch im Privatkundensegment kann es nützlich sein, private Gespräche nicht von sich aus zu starten.

Hirschgeweih Der Verkäufer betritt eine Wohnung und sieht Hirschköpfe an der Wand hängen. Freudig lächelnd (so machen die das immer!) fragt er den Hausherrn: *»Sind Sie Jäger?«* Die prompte Antwort kommt von seiner leicht erbosten Gattin: *»Nein, der stopft die Dinger nur aus! Wie ich das hasse! Und wenn die frisch sind, stinkt das fürchterlich, aber ich krieg ihn davon einfach nicht weg!«* Guter Start. Und weil Sie so freudig lächelnd Ihre Frage gestellt haben, denkt sie außerdem: *»Noch so ein Idiot!«*

Wenn Sie wie beschrieben vorgehen und den Kunden beginnen lassen, gehen Sie kein unnötiges Risiko ein, das Fettnäpfchen zu erwischen. Gerade im Privatkundengeschäft signalisiert Ihnen häufig der Kunde, wenn er über ein Thema, das nichts mit dem geschäftlichen Hintergrund des Treffens zu tun hat, sprechen möchte.

Privatgespräche begrenzen Da Privatgespräche leicht ausufern können, sollten Sie dabei auf Ihr Timing achten und darauf, dass der geplante Gesprächsumfang für den geschäftlichen Teil noch bewältigt werden kann. Bekommen Sie das Gefühl, Ihr Kunde will länger über ein Thema plaudern, verschieben Sie es auf das Ende Ihres Treffens. Dazu müssen Sie ihm erklären, dass Sie sehr gerne weiter darüber reden möchten, aber erst den geschäftlichen Teil erledigen wollen, da Sie noch einen Anschlusstermin haben. Das hat den Vorteil, dass Sie dem Kunden bestens in Erinnerung bleiben, weil er sich immer an das Letzte, das passiert ist, erinnert. Sollte die Zeit es nicht mehr erlauben, das private Thema während des Termins noch einmal aufzunehmen, haben Sie damit ein Ass im Ärmel, um den Kunden bei weiteren Treffen in eine gute Stimmung zu versetzen. Erwähnen Sie dann beim Verabschieden, dass es schade sei, sich jetzt nicht noch einmal mit diesem interessanten Thema auseinandersetzen zu können, und dass Sie unbedingt bei einem der nächsten Treffen darauf zurückkommen sollten. Das dadurch erzeugte schöne Gefühl in Erwartung auf die nächste Zusammenkunft sorgt für eine positive Erinnerung an Sie und den Termin.

Um einen Anhaltspunkt für Ihren Einstieg ins Verkaufsgespräch zu bekommen, fragen Sie den Interessenten, wie er das Problem, welches mit Ihrem Produkt zu beheben ist, zurzeit gelöst hat. Hat er keine Lösung, erarbeiten Sie die Notwendigkeit. Ist der Bedarf für ein solches Produkt bereits gedeckt, fragen Sie nach den Einzelheiten der bestehenden Situation, um herauszufinden, ob trotzdem eine ausreichende Notwendigkeit für die Vorteile Ihres Produktes besteht.

Oder sagen Sie: »*Ich bin heute zu Ihnen gekommen, um gemeinsam mit Ihnen herauszufinden, ob es für Sie und mich sinnvoll ist, miteinander zu arbeiten.*« Danach lassen Sie Stille walten, bis der Interessent etwas sagt. **Eröffnung**

Die »*Sie-fangen-an*«-Eröffnung:

SIE: *Wir wollen alle wichtigen Aspekte Ihres Problems besprechen, ist das in Ihrem Interesse?*
KÄUFER: *Ja, das sollten wir machen.*
SIE: *O.K., fangen Sie bitte an.*

Wenn er es tut, haben Sie Ihren Einstieg, oder er bittet Sie zu beginnen.

KÄUFER: *Fangen Sie doch bitte an.*
SIE: *O.K., womit soll ich anfangen?*
KÄUFER: (Egal, was er antwortet)
SIE: *Gerne, warum möchten Sie, dass wir damit anfangen?*

»*Lieber Kunde, wenn Sie nur mit dem Finger schnippen müssten und damit Ihr Problem zu Ihrer hundertprozentigen Zufriedenheit gelöst wäre, wie würde dieser Idealzustand für Sie aussehen?*« **Die Idealvorstellung**

Ihr Kunde hat jetzt die Erlaubnis, jedes gewünschte Bild zu malen. Eventuell vorhandene Einschränkungen bezüglich der Lösungsmöglichkeiten entfallen. Dabei entstehen häufig Darstellungen, die so nicht vorhanden sind, aber dank Ihnen lösbar wären. Durch geschicktes Hinterfragen holen wir unseren Käufer dann aus der Wunschvorstellung in die Realität zurück. Ziel ist es, bestehende Mankos aufzudecken, die wir zu beheben in der Lage sind.

Der richtige Zeitpunkt für den Abschluss

Fisch am Haken Welches sind die letzten Worte des Fisches? Antwort: *»Diese Sache hat einen Haken!«* Stellen Sie sich vor, Sie würden angeln. Fische knabbern zuerst an Ihrem Köder. Wenn Sie die Angel zu schnell aus dem Wasser ziehen, ist der Köder weg, aber der Fisch hängt nicht dran. Lassen Sie den Fisch erst einmal den Haken schlucken – er signalisiert es mit wildem Zerren an der Leine –, bevor Sie versuchen, ihn herauszuziehen.

Glaubt der Verkäufer, der Kunde sei reif für den Abschluss, knabbert er vielleicht nur am Köder. Er fängt an, sich ernsthaft zu interessieren, ist aber noch nicht so weit, um Ja zu sagen. Wenn Sie das Knabbern mit echter Kaufabsicht verwechseln und sofort versuchen, zum Abschluss zu kommen, werden Sie einen leeren Haken aus dem Wasser ziehen. Nachdem der Käufer angefangen hat zu knabbern, geben Sie Leine und warten, bis er richtig angebissen hat.

Woher weiß man, ob der Kunde richtig angebissen hat? Er wird es Ihnen sagen!

KÄUFER: *Das Produkt gefällt mir!*
SIE: *Oh, das ist interessant! Nach dem, was Sie bisher gesagt haben, hätte ich nicht gedacht, dass Ihnen mein Produkt gefällt. Wieso habe ich das nicht bemerkt?*

Anstatt das zu tun, was der Käufer erwartet, nämlich einen Abschlussversuch zu wagen, gehen Sie sanft zurück. Ihre Angelschnur ist jetzt gespannt.

KÄUFER: *Was Sie vielleicht nicht bemerkt haben, ist, dass mein Problem damit gelöst wäre.*

SIE: *Ich bin immer noch etwas verwirrt. Können Sie mir bitte etwas genauer erklären, wie Sie die Lösung durch mein Produkt sehen?*

KÄUFER: *Ja, gerne, wenn ich Ihr Produkt habe, kann ich damit …*

Lassen Sie den Käufer sich selbst abschließen. Seien Sie nicht zu schnell. Warten Sie auf das, was Sie von ihm hören wollen!

Nachdem der Käufer Ihnen erklärt hat, warum er Ihr Produkt kaufen will und wie sein Problem dadurch gelöst wird, fragen Sie ihn bitte nicht nach dem Auftrag, fragen Sie ihn auch nicht, ob er kaufen will. Fragen Sie ihn, was er möchte, das Sie jetzt tun sollen. Erst wenn er nach dem Vertrag fragt, dürfen Sie den Abschluss machen!

Die Emotionssyntax gezielt einsetzen

Grundzüge der Emotionssyntax

Wie wir bereits festgestellt haben, sind Kaufentscheidungen überwiegend emotional gesteuerte Handlungen. Um zu wissen, wo sich der Kunde in Bezug zu unseren Verkaufsbemühungen emotional befindet und wie wir uns optimal verhalten sollten, bedienen wir uns der Emotionssyntax. Sie zeigt uns die emotionale Abfolge für eine Kaufentscheidung. Mit ihr lässt sich der Aufbau der positiven, also auf den Kauf hinsteuernden, wie auch der negativen, vom Abschluss wegführenden Gefühle erkennen.

Positive Entscheidung in Gang setzen
Durch die Emotionssyntax wissen wir jederzeit, wie wir uns verhalten müssen, um einen positiven Entscheidungsprozess in Gang zu setzen. Sie zeigt uns außerdem, was wir nicht tun dürfen, um die emotionale Abfolge in Richtung Kauf nicht zu unterbrechen oder gar umzudrehen.

> **Unter Anwendung der Emotionssyntax erreichen wir eine optimale emotionale Positionierung, die dafür sorgt, den Kunden in Richtung Abschluss zu bewegen. Und sie hilft uns zu erkennen, wann der richtige Zeitpunkt gekommen ist, um den Verkauf unter Dach und Fach zu bringen.**

Darüber hinaus lässt uns die nachfolgend beschriebene Betrachtung erkennen, ob wir uns mit unserem Kunden auf der richtigen emotionalen Ebene befinden. Und sie gibt uns eine Anleitung, wie der Kunde zur Mitarbeit zu bewegen ist, falls er »zumacht« und versucht, uns durch seine indifferente, neutrale Haltung auflaufen zu lassen. Denn dies ist eine der typischen Verkäuferabwehrstrategien.

Wenn der Kunde glaubt, die Kontrolle über das Gespräch zu verlieren, wenn er die Auffassung gewinnt, der Verkäufer sei ihm überlegen, kann es passieren, dass er sich erst einmal zurückzieht – so lange, bis sein Schweigen, sein Schulterzucken und sein allgemein gehaltenes In-Frage-Stellen jeder Aussage den Verkäufer zum Aufgeben gebracht haben; so lange, bis er die Macht und die Kontrolle über das Geschehen zurückbekommt. Da wir dem Kunden weder die Kontrolle über das Gespräch überlassen noch aufgeben wollen, brauchen wir ein klares Handlungsschema, welches uns hilft, den Kunden aus seiner neutralen Ecke herauszulocken. Es muss uns gelingen, ihn wieder zur aktiven Teilnahme am Verkaufsprozess zu bewegen. Dabei müssen wir genau wissen, wie wir uns zu verhalten haben, was wir tun müssen und was wir besser lassen sollten. All das lässt sich unter Beachtung der Emotionssyntax erreichen.

Die nachfolgende Abbildung zeigt die Anwendung und die Vorgehensweise der Emotionssyntax für die soeben beschriebenen Situationen. Links unten haben wir die negativen Felder, rechts oben sind die positiven und in der Mitte befindet sich der neutrale Bereich. Stellen Sie sich einen schweren Steinbrocken vor: Er stellt die emotionale Haltung des Kunden dar. Ziel unserer Bemühungen ist es, diesen Steinbrocken auf die Emotionsposition +3 (»kauft«) zu bewegen. Der Brocken ist zu schwer und zu unhandlich zum Ziehen, er lässt sich nur durch Schieben bewegen. Auf der Mittelposition neutral (0) liegt er bewegungslos. Ohne unsere Hilfe tendiert er abwärts zur −3 (»nicht kaufen«), und wenn er erst einmal rollt, geht es leichter, ihn weiterzubewegen.

In Bezug zu unserem Kunden heißt das, seine emotionale Haltung zum Kauf ist neutral (0), wenn Sie etwas sagen, was ihn nicht sonderlich interessiert. Er bleibt emotional regungslos. Argumentiert er gegen Sie – oder noch schlimmer: versucht er, mit Ihnen zu streiten –, ist seine emotionale Haltung negativ (−1 bis −3). Stimmt er Ihnen zu und ist wohlwollend, befindet er sich emotional auf der positiven Seite (+1 bis +3).

Was kann im Verkauf passieren? Der Käufer befindet sich emotional auf +2, kauft wahrscheinlich, ist aber noch nicht hundertprozentig überzeugt. Das Produkt gefällt ihm, er äußert sich wohl-

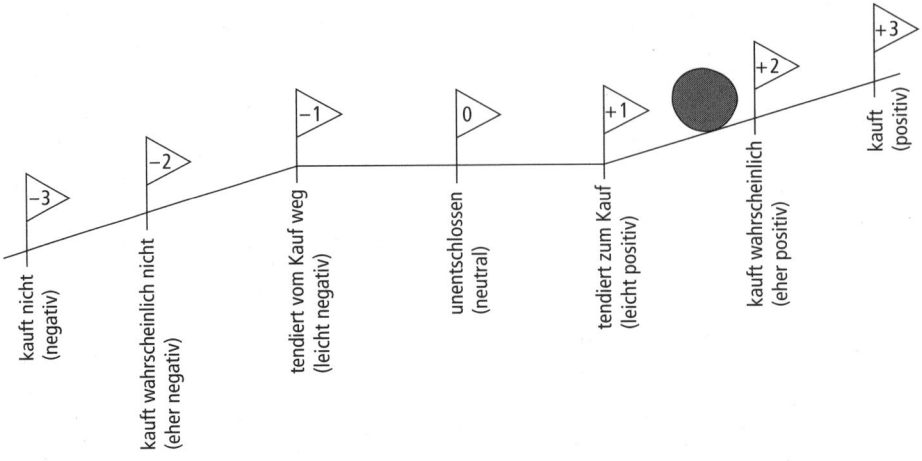

wollend. Der Verkäufer denkt, »jetzt habe ich ihn«, und stürmt auf die +3, um den Abschluss zu machen. Das erschreckt den Käufer, und er bewegt sich zurück auf »neutral«. Der Verkäufer hat sich emotional *vor* seinen Kunden begeben und konnte den Steinbrocken deshalb nicht mehr halten, der dann zurückgerollt ist. Der Verkäufer hat zu früh versucht, den Abschluss zu machen. Der Käufer fühlte sich dadurch unter Druck gesetzt und nahm zur Sicherheit erst einmal die neutrale Haltung ein. Die völlige Überzeugung war nicht gegeben. Der Verkäufer, der den Käufer so nah am Abschluss hatte, gerät jetzt in Panik und stürmt abermals auf die positive Seite und sagt: »*Ist doch eine perfekte Lösung, das hat Ihnen doch so gut gefallen. Ich verstehe gar nicht, was Sie plötzlich haben!*« Um die Frage zu beantworten, muss der Kunde sich rechtfertigen. Seine Rechtfertigung dreht ihn dann vom neutralen in den negativen Bereich. Der sich zurückbewegende Steinbrocken bekam Schwung, der ihn über den neutralen in den negativen Bereich rollen ließ, weil er vom Verkäufer nicht aufgehalten wurde.

Wenn der Kunde begeistert ist und sich auf der +2 (»eher positiv«) befindet, begeben Sie sich auf keinen Fall auf die +3 (»positiv«), sondern gehen Sie zurück auf +1 (»leicht positiv«) oder 0 (»neutral«) und damit in sicheres Gebiet. So erschrecken Sie den Käufer nicht auf seinem Weg zur +3 (»kauft«). Nur so können Sie den Steinbrocken halten und in die richtige Richtung bewegen.

Begeben Sie sich emotional nie zwischen den Käufer und den Punkt, wohin Sie ihn haben wollen!

Bildlich gesprochen können Sie sich vorstellen, Sie wollten Schafe in einen Pferch treiben. Wenn Sie vorauseilen, ist es eher unwahrscheinlich, dass die Schafe Ihnen folgen, außerdem gibt das den Schafen die Möglichkeit wegzulaufen. Bleiben Sie dagegen immer hinter den Schafen, können Sie sie dahin treiben, wohin Sie möchten.

Schafe treiben

KÄUFER (+2): *Gefällt mir wirklich gut!*
SIE (0): *Das ist schön! Brauchen Sie noch weitere Informationen zum Produkt?*
KÄUFER (+1): *Tja vielleicht, ich weiß nicht so recht.*
SIE (0): (Sehr freundlich und fürsorglich) *Gibt es noch etwas, was Sie wissen möchten?*

Der Käufer geht jetzt auf »neutral« zurück und kann sich etwas ausruhen und entspannen. Er stellt Ihnen einige Fragen und kommt langsam wieder in den positiven Bereich zurück. Durch die Möglichkeit, weitere Fragen stellen zu können, und durch Ihre Geduld und Fürsorge wird er sich auf +3 begeben und kaufen. Wenn er dort ist, wird er glauben, ganz alleine dorthin gekommen zu sein. Er kauft, weil er sich so entschieden hat. Solange Ihre Rückfragen freundlich und fürsorglich sind und Sie sich emotional immer hinter dem Kunden befinden, lässt er sich langsam auf +3 schieben und kauft.

Unentschlossen

Üben Sie keinen Druck aus und wiederholen Sie positive Äußerungen des Kunden nicht!

Ist der Kunde auf der 0-Position festgefahren und emotional neutral, will der traditionelle Verkäufer ihn in Bewegung versetzen, indem er versucht, ihn zu begeistern. Dabei befindet er sich, wie wir gelernt haben, emotional vor dem Käufer. Je mehr Begeisterung der Verkäufer zeigt oder je mehr Druck er ausübt, desto weiter bewegt sich der Kunde ins Minus, weil ihm das Angst macht. Je enthusiastischer der Verkäufer, desto misstrauischer der Kunde!

Um den Kunden aus der neutralen Haltung (0) zu lösen, begeben wir uns emotional hinter ihn. Wenn Sie auf −1 gehen, fühlt sich der Kunde sicher. Damit Sie verkaufen können, muss sich Ihr Kunde bequem, unbedroht und sicher fühlen. Auch wenn sich Ihr Kunde erst einmal in Ihre Richtung, also von »neutral« ins Negative, begibt, ist das nicht schlimm. Lassen Sie ihn ausrollen und schieben ihn dann ganz langsam wieder in die Richtung Kauf. Wenn er sich erst einmal bewegt, anstatt starr in der neutralen Stellung zu verharren, wird Ihnen das auch gelingen.

KÄUFER (0): (Sagt nichts, sein Blick ist gelangweilt bis skeptisch.)
SIE (−1): *Ich habe das Gefühl, das gefällt Ihnen nicht so recht?*
KÄUFER (+1): *Doch, doch, machen Sie ruhig weiter!*
SIE (−1): *Aber begeistert sind Sie nicht davon?*
KÄUFER (+1): *Also ich finde das und das ganz gut, aber …*
  (Das war die Rechtfertigung für seine eigentlich unbegründete neutrale Haltung. Klären Sie das »Aber« und fragen Sie dann weiter.)
SIE (0): *War das zufriedenstellend?*
KÄUFER (+2): *Ja, jetzt leuchtet mir das ein, ist schon viel besser!*

Negativ Bewegt sich der Kunde auf die −3-Position (»negativ, kauft nicht«) hin, warten Sie ab, bis er Schwung verloren hat, damit er sich beruhigen kann, und begeben sich dann emotional hinter ihn. Dazu müssen Sie eine noch etwas negativere Haltung einnehmen und abwarten, bis er wieder vorwärtsrollt. Bleiben Sie hinter ihm und übereilen Sie nichts.

KÄUFER (−3): *Nee, das wird so nichts, das muss ich mir erst einmal in Ruhe überlegen!*
  (Diese Aussage zeigt uns genau, was er gerade denkt und fühlt. Er ist zwar immer noch interessiert, bekommt aber Angst davor, sich entscheiden zu müssen, und will flüchten.)
SIE (−/−3): *Ja, ich sehe, das Produkt ist überhaupt nichts für Sie!*
KÄUFER (−2): *Ganz so kann man das nicht sehen, aber ich habe noch einige Zweifel!*
SIE (−3): *Wenn Sie nicht überzeugt sind, sollten Sie das Produkt nicht kaufen. Welche Zweifel haben Sie denn?*

Wenn er eigentlich kaufen will und nur Angst vor der eigenen Courage bekommen hat, wird er jetzt auf der Sachebene auf die Punkte eingehen, die ihm noch nicht ganz klar waren oder mit denen er Schwierigkeiten hat. Diese sind dann oft etwas konstruiert oder Wiederholungen, jedenfalls meistens einfach zu überwinden. Damit haben wir wieder die Chance, ihn in Richtung Kauf zu bringen.

Hat er hingegen wirkliche Bedenken, weswegen er sich entschlossen hat, nicht zu kaufen, und traut sich nur nicht, Ihnen das direkt zu sagen, können Sie auch das an dieser Stelle herausfinden. Er wird dann Ihre total negative (−/−3) Aussage bestätigen. Packen Sie dann zusammen. Dadurch entspannt er sich. Fragen Sie ihn, quasi beim Verabschieden, nach dem Grund für seinen Entschluss. Manchmal lässt sich der Verkauf wieder aufnehmen, weil er Ihnen dann eventuell Gründe nennt, die er Ihnen vorenthalten hat.

Zumindest wissen Sie, woran Sie sind, und sparen sich den Alibitermin, den er ansonsten mit Ihnen vereinbart hätte und der sowieso ausgefallen wäre. Diese Alibitermine, die nur dazu dienen, sich verabschieden zu können, ohne ein Nein aussprechen zu müssen, und sich damit aus der Affäre zu ziehen, werden häufig noch nicht einmal abgesagt, sondern einfach nicht wahrgenommen, weil der Nichtkäufer weiteren Argumentationen entgehen will. Das haben Sie wahrscheinlich auch schon erlebt!

Begibt sich der Käufer ganz zu Anfang der Präsentation auf die emotionale Stufe +3 (»kaufen«) und ist sofort voller Begeisterung, könnte man denken, das wäre ein einfacher Fall und der Kunde kaufe sowieso. Fehler! Irgendwie hat er einen Anstoß in Richtung +3 bekommen. Da er nicht schon immer dort war, gab es etwas, das dies ausgelöst hat. Weil das so schnell ging, muss er sehr viel Schwung bekommen haben. Die überschüssige Energie kann sich aber erst durch das Zurückrollen wieder abbauen. Deshalb ist es sehr wahrscheinlich, dass dies auch geschieht. Das ist genau das Problem mit Kunden, denen zu schnell verkauft wurde. Der Storno ist vorprogrammiert, oder es kommt kurz vor der Unterschrift noch zum Rückzieher.

Positiv

Nur Amateure versuchen, zu schnell zum Abschluss zu kommen!

Holen Sie den Käufer erst wieder in den neutralen Bereich und helfen Sie ihm dann, sich langsam wieder hin zum Kauf in Richtung +3 zu bewegen. Vermeiden Sie Verkaufsdruck, lassen Sie den Kunden sich selbst abschließen. Das ist effektiver und spart eine Menge Energie.

Empfehlungs- Diese Situation kann es bei Empfehlungskunden geben, die
kunden durch den Empfehlungsgeber übermotiviert wurden. Der Kunde will unbedingt das Produkt und lässt Ihnen kaum eine Chance zu überprüfen, ob es auch wirklich das Richtige für ihn ist, zumindest in der empfohlenen Ausführung. Hierbei geht es nicht darum, diesem Interessenten die gewünschte Sache vorzuenthalten, sondern einfach nur um ein sicheres und genaues Vorgehen. Manchmal versucht der Interessent, Sie durch eine Blitzentscheidung aus dem Konzept zu bringen, weil er die Preisdiskussion noch einmal aufnehmen will. Es kann auch sein, er blufft nur und versucht, Sie dazu zu bringen, einen schnellen Abschluss zu wagen, mit dem Ziel, einen kleinen Streit vom Zaun brechen zu können, um sich nicht an die Entscheidungsvereinbarung halten zu müssen.

Oder die Präsentation der Lösung seines Problems hat ihn so sehr beeindruckt, dass er sofort kaufen will. In diesem Fall sollten Sie zwar die Präsentation stoppen, sich allerdings auch dann erst einmal emotional hinter den Kunden begeben. Solange Sie nicht wissen, warum der Kunde so schnell zuschlagen will, gehen Sie besser wie beschrieben vor. Damit sind Sie immer auf der sicheren Seite – und die ist emotional gesehen *hinter* Ihrem Interessenten!

Die Negativumkehr

Die Technik der Negativumkehr basiert auf der Emotionssyntax. Sie ermöglicht es, eine eventuell negative Haltung des Kunden in eine positive umzuwandeln, indem wir uns emotional hinter ihn begeben. Dadurch identifizieren wir unüberwindliche Hindernisse auf dem Weg zum Verkauf, falls der Käufer sich nicht ins Positive bringen lässt. In einem solchen Fall können wir abbrechen und sparen Energie und Zeit.

Angenommen, der Käufer befindet sich auf der −3 (»kauft nicht«); der Verkäufer agiert irgendwo bei +3 (»kauft«) und versucht, den Käufer zu begeistern. Beide sind emotional so weit voneinander entfernt, dass kein Kontakt stattfinden kann. Der Käufer hört und sieht den Verkäufer nicht. Wenn dann der Verkäufer irgendwann in seinem Enthusiasmus unterbrochen wird, weil der Käufer sich verabschieden will, versteht er die Welt nicht mehr – wie sollte er auch.

Große emotionale Distanz

> **Um den Käufer von der »Kauft-nicht«-Haltung wegzubekommen, müssen wir als Verkäufer eine noch negativere Haltung einnehmen. Das ist die einzige Möglichkeit, ihn vorwärts, in Richtung Kauf, zu bewegen.**

KÄUFER: (Äußert sich sehr negativ in Bezug auf den Kauf.)
SIE: *Herr Käufer, das, was Sie gesagt haben, lässt darauf schließen, dass Sie überhaupt kein Interesse an dem haben, was ich verkaufe. Darf ich Ihnen noch eine letzte Frage stellen? Sollen wir die Sache beenden, soll ich gehen?*

Er will nicht, dass das Gespräch beendet wird, und er will auch nicht, dass Sie gehen. Er möchte nur die Kontrolle über das Geschehen bekommen.

KÄUFER: *Ich habe nicht gesagt, dass es vorbei ist.*
SIE: *Dann habe ich Sie wahrscheinlich missverstanden, was haben Sie noch gesagt?*

Der Käufer wird jetzt versuchen, die vorher stark negative Aussage zu relativieren und abzuschwächen. Er will fortfahren. Damit sind Sie wieder im Spiel. Bleiben Sie so lange emotional hinter ihm, bis er auf +3 steht, dann dürfen Sie, wie bereits beschrieben, den Abschluss machen, aber bitte ganz behutsam.

Für den Fall, dass Ihnen der Käufer zustimmt und das Gespräch beenden will, können Sie noch den Versuch wagen, ihn frontal anzugreifen. Manchmal wirkt das, und Sie bekommen wieder die Chance auf den Abschluss.

SIE: *Herr Käufer, was Sie gesagt haben, lässt darauf schließen, dass Sie überhaupt kein Interesse an dem haben, was ich verkaufe. Darf ich Ihnen noch eine letzte Frage stellen? War es das, soll ich gehen?*
KÄUFER: *Ja, ich glaube auch. Es ist besser, wir vergessen die ganze Sache.*
SIE: *Jetzt, wo es vorbei ist, sagen Sie mir doch bitte noch, ob ich Recht habe oder ob ich mich täusche.* (Klappen Sie alle Unterlagen zusammen und packen Sie ein, dadurch entspannt sich der Kunde.)

Angreifen Der Kunde steht auf −3 und sieht die Sache als erledigt an, da es sowieso nicht schlimmer kommen kann. Greifen Sie ihn an, sagen Sie ihm, was Sie von ihm halten.

SIE: *Ich hatte die ganze Zeit das Gefühl, Sie haben Angst vor mir, sehe ich so schrecklich aus?*
Oder: *Stimmt's, Sie haben überhaupt nicht das Geld, um mein Produkt zu kaufen?*

Das wirkt besonders gut, wenn es an einen Mann gerichtet wird, der in Begleitung seiner Partnerin ist.

KÄUFER: (Aufbrausende Rechtfertigung)
SIE: *Sie haben das und das Problem! Wie wollen Sie das Problem denn lösen?*

Ziel der Aktion ist es, eine emotionale Reaktion zu provozieren. Damit können wir Missverständnisse aufdecken oder den Kauf verhindernde Gründe in Erfahrung bringen und den wirklichen Hintergrund für die Haltung des Käufers herausfinden. Das gibt uns die Chance, wieder in das Verkaufsgespräch einzusteigen. Nachdem der Kunde durch die provokante Frage aufbrausend wurde, also stark negativ reagierte, wird er durch den Energieüberschuss in einen positiveren Zustand rollen, das kommt uns zugute.

Verkäufer stellen häufig positive Fragen und versuchen so, den Kunden auf die Ja-Schiene zu bringen. Da der Interessent es so gewohnt ist und meistens auch merkt, worauf die Aktion hinausläuft, machen wir das Gegenteil: Wir stellen negative Fragen und geben negative Antworten.

Manchmal machen wir sogar unser Produkt schlecht, anstatt es in den Himmel zu heben. Da der Käufer aus der Gewohnheit heraus eine grundsätzlich gegenteilige Stellung zum Verkäufer einnimmt, kann es gut passieren, dass er dann anfängt, unser Produkt zu verteidigen.

Sehr effektvoll ist es auch, einen besonderen Vorteil herunterzuspielen, weil er dadurch eine emotional stärkere Wirkung bekommt – bestenfalls, indem man sich dafür entschuldigt, weil der besondere Vorteil nicht noch größer ist. Manchmal bringt das den Kunden zum Grinsen, weil sein innerer Kampf, uns seine Begeisterung nicht anmerken zu lassen, so intensiv geworden ist, dass er seine Emotionen einfach nicht mehr kontrollieren kann.

Eigene Vorteile
herunterspielen

Setzen wir einmal voraus, der Interessent braucht eine kurze Lieferzeit. Der Kauf hängt allerdings noch von anderen Faktoren ab. Die Lieferzeit ist wichtig, aber nicht entscheidend. Sein jetziger Lieferant und alle, zu denen er Kontakt hat, können frühestens in sechs Wochen liefern. Sie hingegen benötigen nur zwei Wochen, was dem Interessenten sehr entgegenkommen würde. Wenn Sie in dieser Situation versuchen, den Vorteil der kurzen Lieferzeit als besonders wichtig darzustellen, erreichen Sie damit emotional weit weniger, als wenn Sie genau das Gegenteil machen. Sehen Sie den Kunden etwas leidend an und sagen Sie ihm: »*Es tut mir leid, aber wir brauchen gut zwei Wochen, bis die Produkte bei Ihnen eintreffen, schneller schaffen wir das leider nicht.*«

Das Argumentieren gegen die eigene Position bringt den Vorteil, dass uns der Käufer dadurch eine wesentlich größere Objektivität zuschreibt. Darüber hinaus verteidigt er manchmal unser Produkt aus der Gewohnheit heraus, anderer Meinung zu sein.

Die Negativumkehr ermöglicht es, die Vorteile des eigenen Produktes effektvoller herüberzubringen und dabei Diskussionen zu vermeiden. Es lässt sich damit sogar die Sichtweise des Kunden verändern.

Haben Sie besondere Vorteile zu bieten, versuchen Sie doch einmal, diese Vorteile dem Kunden so zu verkaufen, als wenn es sich um Nachteile handelte, die aber gerade noch akzeptabel sind.

Beispiel Ihr Produkt erreicht einen Wert von 9, das der Konkurrenten nur einen von 7, und der Interessent fragt danach.

INTERESSENT: *Welchen Wert erreicht Ihr Produkt?*
SIE: *Gut, dass Sie das fragen! Wir schaffen einen Wert von 9, das sind 2 Punkte mehr als alle anderen.*
INTERESSENT: *Das bedeutet aber bestimmt einen höheren Verschleiß?*
SIE: *Ja, aber der ist nur geringfügig höher!*
INTERESSENT: *Aber er ist höher!*

Indem Sie Ihren Vorteil als Kaufgrund präsentieren, versucht der Interessent, diesen besonderen Kaufaspekt sofort zu relativieren. Was er wirklich darüber denkt und ob er vielleicht sogar begeistert ist, sagt er Ihnen nicht. Deshalb wäre es effektvoller gewesen, den Vorteil negativ darzustellen.

Weiteres Beispiel INTERESSENT: *Welchen Wert erreicht Ihr Produkt?*
SIE: *Dazu muss ich Ihnen leider sagen, dass wir den von uns angestrebten Wert von 10 bedauerlicherweise noch nicht erreichen. Vielleicht werden wir das noch schaffen, aber zurzeit liegen wir nur bei 9.* (Dabei einen leicht betrübten Eindruck machen.)
INTERESSENT: *Nun, 9 ist ja gar nicht so schlecht!* (sagt er und denkt in Wahrheit: Verdammt guter Wert!)

Ein Beispiel aus meiner Tätigkeit als Finanzdienstleister: Stellen Sie sich bitte folgende Situation vor. Der Kunde ist ein etwas ängstlicher Zeitgenosse. Er glaubt, Renditen über 5 Prozent seien unseriös. Der Fonds, der verkauft werden soll, bietet eine realistische Rendite von 8 Prozent. Hätte ich versucht, ihm diese Rendite als Toprendite, was sie in Wirklichkeit war, zu verkaufen, wäre entweder der Abschluss nicht zustande gekommen, oder ich würde heute noch mit ihm über die Seriosität einer Anlage mit

8 Prozent Gewinn und der deshalb wahrscheinlich nicht vorhandenen Sicherheit diskutieren. Stattdessen habe ich groß ausgeholt und über Renditemöglichkeiten um die 10 Prozent referiert, die allerdings auch kleine Zugeständnisse bei der Sicherheit verlangen würden. Dann habe ich mich entschuldigt, dass der für ihn ausgesuchte Fonds nur 8 Prozent bietet, dafür aber auf hohe Sicherheit ausgelegt ist. Ohne ihn zu Wort kommen zu lassen, fuhr ich fort und klärte ihn sodann ganz ausführlich darüber auf, warum Sicherheit für ihn besonders wichtig ist. Da Sicherheit genau das war, was er wollte, hat er die »hohe« Rendite akzeptiert und den Fonds gezeichnet.

Das Gleiche passiert, wenn wir die positiven Seiten der Konkurrenzprodukte loben, besonders die, die keine sind. Will heißen:

Stellen Sie ein Ihnen bekanntes Manko der Konkurrenz sehr positiv dar, damit der Kunde gar nicht anders kann, als Sie zu berichtigen. Indem wir negative Aspekte, die der Kunde als solche kennt und unter denen er schon zu leiden hatte, so darstellen, als wären es große Vorteile, wird das eine emotionale Reaktion auslösen. Der Verstand wird dabei übersprungen.

Je mehr und je häufiger sich unser Proband in der Vergangenheit über den erwähnten Nachteil geärgert hat, umso heftiger ist seine Reaktion bei seinem Widerspruch gegen unsere – absichtlich falsche – Behauptung. Und was kann schöner sein als eine negative Äußerung des Kunden über unsere Konkurrenz. Ohne diesen kleinen Trick würde er nämlich unbedingt versuchen, das zu vermeiden. Denn freiwillig liefert ihnen kein Kunde solch wundervolle Abschlussargumente.

Versuchen Sie hingegen, dem Kunden die schlechte Eigenschaft des Mitbewerbers zu verdeutlichen, damit er von Ihnen kauft, wird er das Manko als nicht so wichtig abtun oder sogar gegen die Realität und gegen seine eigene negative Erfahrung verteidigen. Es geht wie immer nur darum, die Kontrolle nicht zu verlieren.

Provozieren Sie den Käufer deshalb dazu, Ihnen zu widersprechen, indem Sie die Schwachpunkte der Konkurrenzprodukte als

Vorteile hervorheben. Kennen Sie die Schwächen Ihrer Mitbewerber nicht, müssen Sie alles nur so lange loben, bis Sie zufällig ein Manko treffen. Da der Käufer es gewohnt ist, in Opposition zu Ihnen zu gehen, wird er es auch hier tun.

Mitbewerber mit schlechten Lieferzeiten

SIE: *Ja, die Firma XYZ ist wirklich gut, da können wir wahrscheinlich nicht mithalten. Die sind in diesen und jenen Punkten gut, und man hört auch immer wieder, dass sie sehr kurze und pünktliche Lieferzeiten haben. Da werden wir wahrscheinlich nicht mithalten können.*

KUNDE: *Ich muss Ihnen widersprechen, also bei den Lieferzeiten gab es schon öfter Probleme.*

Bingo! Wenn Sie einen Ansatz gefunden haben, bohren Sie so lange weiter, bis Sie genug erfahren haben.

SIE: (Erstaunt) *Das habe ich ja noch nie gehört, haben die wirklich manchmal Lieferschwierigkeiten?*

KUNDE: *Doch, doch ...* (Jetzt legt er los!)

SIE: *Das ist ja unglaublich, aber ich nehme an, dass eine pünktliche Lieferung nicht so wichtig für Sie ist?*

KUNDE: *Das kommt ganz darauf an.*

SIE: *Unter welchen Umständen ist eine kurze, pünktliche Lieferzeit wichtig für Sie?*

Jetzt haben Sie einen Kaufgrund. Suchen Sie nach dem gleichen Schema so lange weiter, bis es Ihnen ausreichend erscheint, um Ihren Verkauf machen zu können.

> **Die Negativumkehr funktioniert wie Judo: Man stemmt sich nicht gegen den Angriff des Gegners, sondern nutzt dessen Kraft. Wenn wir genau das nicht tun, was der Käufer erwartet, kommt er durcheinander, was uns die Chance gibt, ihn zu packen.**

Glaubt er, wir gehen geradeaus, kehren wir um; denkt er, wir biegen nach links ab, drehen wir nach rechts. So hebeln wir sein Konzept »*Ich höre mir das mal an, überlege, entscheide mich aber nicht*« aus und können auch gegen seine Abwehrhaltung einen Verkauf realisieren.

Wenn Kunden negativ denken oder Ausflüchte suchen

Das Wegnehmen

Genauso wirksam wie das Erschweigen von Antworten, Zugeständnissen und Abschlüssen ist das Wegnehmen. Dagegen sind wir seit frühester Jugend allergisch. Niemand will, dass man ihm etwas nimmt, und genauso wenig, dass ihm etwas verweigert wird.

Vermittelt Ihr Kunde das Gefühl, nicht an Ihrem Produkt interessiert zu sein, obwohl es eine vielversprechende Lösung für sein Problem darstellt, passiert das wahrscheinlich nur als verhandlungsstärkende Maßnahme. Lässt man ihn gewähren, kann es dazu führen, dass das Verkaufsgespräch daran scheitert. Was ein Mensch mit Nachdruck zu vermitteln versucht, kann für ihn zur Wahrheit werden. Zum besseren Verständnis ein Beispiel.

Ihr Produkt gefällt dem Kunden. Er tut aber so, als ob dies nicht der Fall ist, in der Hoffnung, damit seine Position für die Preisverhandlung zu stärken. Im Laufe des Gesprächs vergisst er den Grund für seine Abwehrhaltung. Um Recht zu behalten (dafür sorgt das Unterbewusstsein), argumentiert er immer weiter gegen Sie. Dabei kann es passieren, dass sein Motiv sich ändert. Statt gegen Sie zu argumentieren, um seine Verhandlungsposition zu verbessern, ist er auf einmal gegen Sie, weil er sich durch seine andauernde Opposition eingeredet hat, nicht von Ihnen kaufen zu wollen. Er will zwar weiterhin das Produkt, aber nicht mehr von Ihnen!

Andauernde Opposition des Käufers

Um diesen Kreislauf zu durchbrechen, müssen Sie ihm den Kauf verweigern. Das kann dazu führen, dass er dann unbedingt kaufen will. Sie nutzen dabei die Fließrichtung seiner Gedanken, die ihn dazu bringen, eine konträre Position zu Ihnen einzunehmen. Es funktioniert ähnlich wie bei der bereits beschriebenen Negativumkehr, in Kombination mit dem Reiz, besonders das zu wollen, was es nicht gibt oder was man nicht darf.

Wenn der Kunde sich auf Daueropposition gegen das Produkt und gegen den Verkäufer eingestellt hat, sollte man ihm den Kauf verweigern.

Wird es Ihnen mit der Konträrhaltung Ihres Kunden zu bunt, brechen Sie einfach ab. Sagen Sie, dass das Gespräch keinen Sinn mehr hat, und packen Sie zusammen. Sollte ihm doch irgendetwas an Ihnen oder dem Produkt liegen, wird er Sie aufhalten.

Eine Kollegin bemühte sich einmal sehr um einen Abschluss. Es ging immerhin um 100 000 DM. Der Klient ließ sie die ganze Zeit auflaufen, bis ihr irgendwann die Hutschnur platzte und sie den Herrn Diplom-Ingenieur anschrie und heftig beschimpfte. Man konnte es durch alle Wände hören. Danach war er »brav« und schloss ab. Am nächsten Tag führte ich mit ihr eine Schulung für absichtliches Wegnehmen und Zurechtweisen durch, was sie fortan äußerst erfolgreich umsetzte. Da genügte meistens schon ihr »fast tödlicher Blick«, wenn der Kunde nicht ordentlich mitarbeitete, um ihn wieder auf die Spur zu bringen.

Killerargumente aushebeln

Nachdem Ihr Kunde ein Killerargument gegen Sie oder Ihr Produkt gebracht hat, sagen Sie: »*Lieber Kunde, wahrscheinlich haben Sie Recht. Das Produkt scheint nicht das Richtige für Sie zu sein!*« Nehmen Sie eine negative Position zu dem Verkauf an Ihren Kunden ein und versuchen Sie, ihn davon zu überzeugen, dass es wahrscheinlich keinen Sinn hat, ihm das Produkt zu verkaufen. Entweder relativiert er seine Kritik oder er fängt an, gegen Sie zu argumentieren und erklärt, warum er doch kaufen will.

Der Effekt wird dadurch verstärkt, indem Sie Ihrem Kunden das Produkt oder den Prospekt wirklich wegnehmen, damit beginnen, Ihre Verkaufsunterlagen zusammenzupacken oder sich, bevor Sie etwas sagen, bereits die Jacke anziehen etc.

Bestätigt er Ihren Vorschlag, nicht zu kaufen, können Sie abbrechen und haben Zeit gespart. Solange er jedoch noch interessiert ist und die Abwehrhaltung nur aus taktischen Gründen eingenommen hat, wird er gegensteuern und Ihnen damit die Möglichkeit geben, sinnvoll weiterzumachen.

Der Rollentausch

Es kann vorkommen, dass sich das Verkaufsgespräch festfährt und Sie nicht weiterkommen. Das passiert, wenn Ihr Kunde fühlt, dass er nicht gegen Sie ankommt, und versucht, sich dagegen zu wehren. Sofern Sie alles richtig gemacht haben, gibt es keine sachlichen Argumente für Ihren Probanden, um aus dem Verkauf auszuscheren. Da ihm jedoch sein Gefühl befiehlt, die Kontrolle wieder zurückzugewinnen, blockiert er das Geschehen. Das ist seine einzige Chance, nicht mehr in Ihre Richtung marschieren zu müssen.

Damit wir mit dem Verkauf fortfahren können, muss die Blockade zuerst gelöst werden. Dabei macht es keinen Sinn, den Kunden auf seine sture Haltung anzusprechen, weil das seine Überzeugung, die Strategie beizubehalten, nur stärken würde. Um ihm dennoch klarzumachen, dass sein Verhalten keinen Sinn macht, besonders nicht für ihn, müssen wir seine Gedanken drehen. Neben der bereits beschriebenen Negativumkehr kann das auch mit einem Rollentausch gelingen.

Dazu fordern wir ihn auf, sich in unsere Lage zu versetzen. Sofern die Situation es erlaubt, tauschen wir erst einmal den Sitzplatz mit dem Käufer. Dann fragen wir ihn, was er an unserer Stelle in einer solchen Situation machen würde. Damit geben wir die Verantwortung für das Gespräch und für ein eventuelles Scheitern an den Kunden ab. Da er im Allgemeinen keinen Abbruch der Verhandlungen anstrebt, verursacht der Positionswechsel ein Umdenken und Einlenken.

Positionswechsel

SIE: *Lieber Kunde, wenn Sie an meiner Stelle wären, was würden Sie tun?*

Oder: *Lieber Kunde, die Fakten sprechen dafür, dass es sinnvoll wäre weiterzumachen! Sehen Sie das auch so oder sollen wir abbrechen?*
Oder: *Ich verstehe Ihre Haltung nicht! Habe ich etwas falsch gemacht?*
Oder: *Wie sollen wir fortfahren?*
Oder: *Warum kommen wir nicht zusammen?*
Oder: *Glauben Sie, dass es sinnvoll ist, mit unserem Gespräch fortzufahren?*

Eine negative oder sture Haltung des Käufers lässt sich auch durch Rollentausch und Wechsel der Sitzposition ins Positive kehren.

Ausflüchte erkennen

Die Vorgehensweise der Trojanischen Verkaufsstrategie lässt dem Kunden keine Chance, seine gewohnten Strategien umzusetzen. Wenn er dann merkt, dass es ernst wird, er so leicht nicht mehr herauskommt und sich deshalb unwohl fühlt, kann es passieren, dass er versucht, die getroffenen Vereinbarungen abzuschwächen. Diese Ausflüchte erkennen Sie daran, dass der Kunde Sie vordergründig in Sicherheit wiegt. Die vermeintliche Sicherheit ist dazu gedacht, Sie abzulenken und die gemachten Zusagen zu verwässern. Er versucht, sich aus der Verpflichtung zu winden. Seien Sie aufmerksam, skeptisch und vorsichtig, wenn Ihr Kunde sagt:

- *Sie sind nah dran!*
- *Ich glaube, wir kommen ins Geschäft!*
- *Das sieht recht gut aus!*
- *Könnte ich mir gut vorstellen!*

Danken – wiederholen – umdrehen Benutzen Sie in einem solchen Fall die Danken-Wiederholen-Umdrehen-Technik. Sie funktioniert folgendermaßen:

Danken: *Danke, es freut mich,*
Wiederholen: *dass Sie sagen, ich bin nah dran,*
Umdrehen: *dazu eine kurze Frage: Was meinen Sie mit »nah dran«?*

KUNDE: *Nachdem Sie sich so viel Arbeit und Mühe gemacht haben, sehe ich gute Chancen dafür, dass wir ins Geschäft kommen!*

SIE: *Das würde mich sehr freuen. Sie sprechen von guten Chancen. Können Sie mir sagen, was Sie damit meinen?*

KUNDE: *Ich mag Sie und Ihre Art sehr, Herr Verkäufer, deshalb werden wir Sie bevorzugt berücksichtigen!*

SIE: *Vielen Dank, Herr Käufer, dazu habe ich eine Frage. Wenn Sie sagen »bevorzugt berücksichtigen«, was bedeutet das genau?*

Wenn Ihr Kunde versucht, sich Ihnen zu entziehen, nageln Sie ihn fest, solange Sie die Möglichkeit dazu haben. Unterbrechen Sie Ihre Präsentation und argumentieren Sie so lange auf der Sachebene, bis Sie ihn wieder haben.

Andernfalls hören Sie besser auf. Konfrontationen sind grundsätzlich zu vermeiden, außer wenn es nicht anders geht. Achten Sie auf die folgenden Worte, da sie auf Ausflüchte hindeuten können:

Signale für Ausflüchte

- vielleicht
- könnte
- möglich
- berücksichtigen
- günstige Gelegenheit
- prüfen
- versuchen
- glauben
- mir scheint
- machen Sie sich keine Sorgen!
- wenn es nach mir geht!
- es sieht gut aus!
- wahrscheinlich
- ganz bestimmt
- auf jeden Fall

Wenn der Kunde sagt: »*Es sieht gut aus, ich denke, dass wir die Sache nächste Woche perfekt machen können!*«, könnten Sie glauben: »*Oh, das ist der Auftrag*«, während der Kunde denkt: »*Sicher bin ich noch nicht. Wenn nichts Besseres kommt, gebe ich ihm vielleicht den Auftrag. Vielleicht aber auch nicht!*«

Divergenzen überwinden

Haben Sie sich schon einmal gefragt, was Ihr Kunde gerade denkt, warum er sich so und nicht anders verhält? Wäre es für Sie einfacher gewesen, wenn Sie einen Lügendetektor gehabt hätten? Etwa ein Lämpchen auf seinem Kopf, welches jedes Mal aufleuchtet, wenn sich der Kunde mental von Ihnen entfernt?

Lügendetektor Mit etwas Übung können Sie das Lämpchen erkennen, es ist nämlich vorhanden. Dazu müssen Sie sich darauf konzentrieren, Divergenzen zu identifizieren. Indem Sie bewusst darauf achten, können Sie ein Gefühl dafür entwickeln und werden dadurch irgendwann intuitiv spüren, was der Kunde gerade denkt. Es funktioniert ähnlich wie ein Lügendetektor.

Divergenzen sind Abweichungen zwischen den Repräsentationssystemen, also den Übermittlern einer Information. Sie erinnern sich daran, dass Informationen durch Worte, die Art und Weise, wie diese Worte gesagt werden, und durch Körpersprache ausgedrückt werden. Gibt es Abweichungen innerhalb dieser Teilbereiche, also beispielsweise beim Ja-Sagen den Kopf schütteln, spricht man von Divergenzen. Sie können uns verraten, was der Kunde wirklich denkt oder was er meint, wenn er etwas sagt.

Ein Vater erklärt seinem Kind einen mathematischen Zusammenhang und fragt danach, ob es diesen verstanden hat. Obwohl das Kind ein klares Ja als Antwort gibt, spürt der Vater, dass das nicht stimmt. Das Kind hat ihm durch seine Körpersprache und den Tonfall die wahre Antwort gegeben. Bemerken Sie solche Abweichungen, sollten Sie diese sofort überprüfen.

Wiederholen Sie bei Divergenzen Ihre Aussage oder Frage noch einmal und achten Sie dann genau auf die Reaktion und eventuelle Unstimmigkeiten innerhalb der Repräsentationssysteme.

Je nachdem, wie eindeutig Sie das Signal des Kunden empfinden, können Sie auch etwas härter formulieren, um eine stärkere Reaktion zu provozieren. Die Abweichung wird dadurch normalerweise größer und damit besser erkennbar. Im obigen Beispiel des Kindes wäre das die erneute Nachfrage des Vaters in etwas ernsterem Ton: »*Hast du das auch wirklich verstanden?*«

Divergenzen bemerkt man größtenteils intuitiv. Das heißt, dazu gibt es keine genaue Anleitung. Sie haben aber eine Chance, ein Gefühl dafür zu entwickeln, wenn Sie bewusst darauf achten. Befindet sich Ihr Kunde in einem divergenten Zustand, sendet er ständig Signale, die das erkennen lassen.

Haben Sie eine Divergenz identifiziert, sprechen Sie Ihren Kunden darauf an und versuchen Sie herauszufinden, warum er so reagiert hat. Abweichungen müssen geklärt sein, bevor Sie weitermachen. Wenn Ihr Kunde gefühlsmäßig zu weit von Ihnen entfernt ist, wird es mit dem Abschluss schwierig. Durch das direkte Ansprechen geben Sie Ihrem Kunden die Möglichkeit, Ihnen seine Bedenken oder Ängste mitzuteilen. Manchmal hat er auch nur irgendetwas nicht richtig verstanden oder kurzzeitig nicht aufgepasst.

Divergenzen klären

Menschen streben nach einheitlicher Harmonie ihrer Meinungen, Wertvorstellungen und ihres Wissens. Sie streben grundsätzlich nach Kongruenz. Das heißt, Ihr Kunde fühlt sich nicht wohl dabei, wenn er sich divergent verhält. Ihr Bestreben, die Einheit wieder herzustellen, wird er deswegen sehr positiv bewerten und froh darüber sein.

Mit der richtigen Einstellung verkaufen

Verantwortung übernehmen

Sie wissen alles über Ihr Produkt, der Kunde weiß wenig oder nichts darüber. Das Ziel der Präsentation ist es, dem Kunden gerade so viel Informationen zum Produkt zu geben, dass er kauft. Sie erinnern sich:

Verkaufe heute – erkläre morgen!

Manchmal hat das aber die Konsequenz, dass der Kunde das Produkt gar nicht wirklich einschätzen kann. Jedes Ding hat zwei Seiten. Würde der Kunde auch kaufen, wenn er alle negativen Aspekte des Produktes und alle Eventualitäten kennen würde? Wir wissen es nicht, denn darüber klären wir ihn nicht auf; wir wollen ja verkaufen.

Negative Produkt- eigenschaften ansprechen

Es gibt Verkäufer – einige habe ich im Laufe meiner Trainertätigkeit kennen gelernt –, denen die negativen Eigenschaften ihres Produktes unangenehm sind. Diese Verkäufer schneiden dann diese Punkte während der Beratung leicht an, getreu dem Motto: »Erwähnt habe ich es ja«. Wenn dann Rückfragen kommen, versuchen sie, genaue Antworten zu vermeiden, und geben unpräzise, halbgare Erklärungen ab. Ihre von den Verkaufsargumenten divergierende Mimik und Gestik verunsichert den Kunden dann völlig, er bekommt ein schlechtes Gefühl, was letztendlich zu miserablen Abschlussquoten führt. Deshalb entweder ganz oder gar nicht.

Was haben diese Verkäufer falsch gemacht? Sie haben versucht, die Verantwortung für den Kauf auf den Kunden abzuwälzen. Damit erreicht man aber im Verkauf nichts und landet höchstens Zufallstreffer.

Können Sie sich nicht mit dem, was Sie verkaufen, identifizieren und fällt es Ihnen schwer, die Verantwortung dafür zu übernehmen, lassen Sie es am besten gleich bleiben. Wollen Sie erfolgreich verkaufen, müssen Sie von Ihrem Produkt überzeugt sein! Und zwar so sehr, dass Sie die Verantwortung dafür übernehmen.

Wägen Sie die Vorteile, die Ihr Kunde durch Ihr Produkt bekommt, gegen eventuell bestehende Nachteile ab, und entscheiden Sie für den Kunden, ob er es kaufen soll. Nur wenn Sie überzeugt sind, können Sie Ihren Kunden überzeugen.

Während des gesamten Verkaufsvorgangs bewertet das Gefühl eines Käufers jede Information danach, ob seine Interessen verfolgt werden oder ob der Verkäufer nur die eigene Position stärken will. Alles wird danach bewertet, ob anzunehmen ist, dass die Wahrheit gesprochen wird und Zusagen eingehalten werden. Der daraus entstehende gefühlte Gesamteindruck unter Berücksichtigung aller gesammelten Daten – ob bewusst oder unbewusst wahrgenommen – erzeugt Vertrauen oder aber Misstrauen.

Indem Sie, der Sie alles über Ihr Produkt wissen, entscheiden, was der Kunde kaufen soll, handeln Sie geradlinig und kongruent. Jeder Mensch gibt in jedem Moment eine große Anzahl von Signalen, ob er will oder nicht. Die vordergründigsten sind die Körperhaltung, Bewegungen der Hände, die Stellung der Beine, Sitzposition, Atmung, Sprechgeschwindigkeit, Wortwahl, Stimmlage, Sprechpausen, Augenkontakt, Dauer des Augenkontaktes, Stellung der Augen usw. Es sind viel zu viele, um auch nur annähernd die Chance zu haben, sie bewusst zu steuern und zu kontrollieren, trotzdem ist es möglich, allerdings nur über das Unterbewusstsein. Sind Sie in Ihrem Unterbewusstsein absolut überzeugt von dem, was Sie tun, folgt Ihr Körper automatisch. Das ist die einzige Möglichkeit, alle Signale, die Sie ständig von sich geben, und alle Ihre Regungen zu koordinieren.

Die Verantwortung übernehmen

Um diesen Effekt bewusst herbeizuführen, können Sie Ihr Unterbewusstsein programmieren. Das Unterbewusstsein arbeitet nicht mit Fakten. Es bewertet nicht. Alle Informationen werden weitgehend ungefiltert registriert. Die Intensität einer Information wird durch Masse bestimmt, das heißt, je öfter die gleiche Information eingeht, desto stärker wird sie gewertet. Die Intelligenz des Systems wird nicht durch Denkvorgänge bestimmt. Alle Informationen werden übereinander gelegt, die gemeinsamen Nenner werden als Ergebnis gewertet und bestimmen das unbewusste Handeln. Diese Speicherung des Unterbewusstseins hat auch weitreichende Auswirkungen auf das bewusste Denken und Handeln. Diese Vorgänge sind aber zu komplex, um sie hier detailliert zu beschreiben. Deshalb beschränken wir uns hier auf den Einfluss in Bezug auf die vom Körper gesendeten Signale. In Kurzform zusammengefasst heißt das:

> **Reden Sie sich alles, was Sie überzeugend »herüberbringen« möchten, so lange ein, bis Ihr Unterbewusstsein das von Ihnen gewünschte einheitliche Bild bei Ihrem Handeln erzeugt. Je einheitlicher der Eindruck ist, den Sie vermitteln, und je kongruenter Sie agieren, umso stärker wirkt Ihre Überzeugungskraft.**

Produkt oder Einstellung wechseln Falls Sie keine hundertprozentig positive Einstellung zu Ihrem Produkt haben, wechseln Sie das Produkt oder ändern Sie Ihre Einstellung. Es können nicht alle Produkte die besten in ihrem Segment sein, aber alle wollen verkauft werden. Wenn Sie der Meinung sind, der Kunde wäre mit dem Konkurrenzprodukt besser bedient, haben Sie ein großes Problem. Versuchen Sie, zum besseren Mitbewerber zu wechseln, oder ändern Sie den Nachteil des Produktes in Ihrem Kopf. Ihre Einstellung, egal wie weit sie auch hergeholt sein mag, ist entscheidend – nicht die Fakten. Rufen Sie sich das Kapitel »Der Mensch, das emotionale Wesen« (erster Teil, Seite 25) noch einmal ins Gedächtnis.

Sich selbst überzeugen

Suchen Sie nach Argumenten und überzeugen Sie sich erst einmal selbst von den Vorteilen Ihres Produktes, bevor Sie versuchen, es zu verkaufen. Lassen sich nicht ausreichend stichhaltige Gründe finden, die dafür sorgen, dass Sie von dem begeistert sind, wovon Sie andere begeistern wollen, werden Sie auf der Stelle treten. Sie können Vorteile erfinden oder noch so kleine Details großreden, aber Sie müssen hundertprozentig hinter dem stehen, was Sie verkaufen wollen, sonst reicht Ihre Überzeugung nicht aus, um andere zu überzeugen.

Die Darstellung mag Ihnen etwas krass erscheinen – ist sie auch, aber sie trifft zu und ist äußerst wichtig. Ich nehme an und hoffe, dass Sie keinen »Schrott« verkaufen würden. Meist handelt es sich auch nur um kleine, akzeptable Nachteile, die durch die erheblichen Vorteile mehr als ausgeglichen werden. Achten Sie trotzdem genau auf Ihre Einstellung und bügeln Sie die Kleinigkeiten möglichst weg. Das soll nicht heißen, dass Sie den Kunden anlügen sollen, aber Sie müssen ihm auch nicht alles sagen, solange Sie die Verantwortung dafür übernehmen können.

Die gleiche Überzeugung sollten Sie bei allem haben, was Sie von Ihrem Kunden verlangen: Nennen Sie ihm erst einmal einen etwas zu hohen Preis, so wird er das merken und versuchen zu handeln. Geben Sie den Preis mit großer innerer Überzeugung ab, ist die Gefahr, dass Ihr Kunde versucht, den Preis zu drücken, erheblich geringer. Zumindest haben Sie eine bessere Position bei der Preisverhandlung.

Nur wer selbst überzeugt ist, kann andere überzeugen. Je überzeugter Sie sind, desto leichter wird es gelingen.

Dies betrifft auch Ihr Auftreten mit der Gewissheit, dass der Interessent Ihr Kunde wird und Sie den Abschluss auf jeden Fall machen. Verdrängen Sie jeden Zweifel und argumentieren und sprechen Sie ab der Präsentation so, als ob der potenzielle Kunde bereits gekauft hätte. Nehmen Sie mit der Präsentation den Abschluss gedanklich vorweg. Die Überzeugung dazu gibt uns die Vorgehensweise bei der Anwendung der Trojanischen Verkaufsstrategie.

Überzeugung überzeugt!

Rufen Sie sich den Ablauf noch einmal ins Gedächtnis: Bevor das zu verkaufende Produkt oder die Dienstleistung präsentiert wird, wissen wir, was der Kunde genau will, ob er sich das Erreichen seines Zieles leisten kann, wie er sich entscheidet und dass wir ihm die richtige Lösung bieten können. Das bedeutet, *er hat bereits gekauft,* und zwar die Erfüllung seiner Wünsche, bevor wir ihm gezeigt haben, was genau es ist und warum es so ist.

Ausgesprochen wichtig ist auch Ihre persönliche Einstellung zu einer sofortigen Entscheidung. Wenn Sie selber alles tausendfach überlegen und immer eine Nacht darüber schlafen wollen, werden Sie es schwer haben, diese Bedingung bei Ihren Kunden durchzusetzen. Ändern Sie in diesem Fall erst Ihre Einstellung, dann wird es wesentlich einfacher für Sie. Mit dem, was Sie durch die sofortigen Entscheidungen Ihrer Kunden mehr verdienen werden, können Sie sich sogar bei Ihren Sofortentschlüssen ein paar Fehlentscheidungen leisten! Deshalb nur Mut, es liegt alles nur an der Gewohnheit.

Damit Sie schneller größere Überzeugung erlangen, empfehle ich Ihnen, sich nur auf Positives zu konzentrieren. Achten Sie darauf, was Sie gut machen, und nicht auf die Fehler. Alles, worauf man sich konzentriert, wird verstärkt. Wenn Sie Fehler machen, sollten diese kurz analysiert werden. Versuchen Sie, dabei eine Strategie zu finden, um sie in Zukunft zu vermeiden. Notieren Sie sich nur die Strategie und vergessen Sie den Fehler.

Placebo-Effekt Vergessen Sie so schnell wie möglich negative Erfahrungen. Beamen Sie nicht abgeschlossene Kunden gedanklich ins All und denken Sie, so oft Sie können, an die erfolgreich gewonnenen Klienten. Die rosarote Brille hat zwar nichts mit der Realität zu tun, aber sie hilft! Es ist das Gleiche wie der Placebo-Effekt bei Medikamenten, dessen Wirkung wissenschaftlich eindeutig bewiesen ist. Die (Ihre) Welt ist immer so, wie Sie glauben, dass sie ist, weil die Dinge nicht so sind, wie sie sind, sondern so, wie man darüber denkt. Jeder schafft sich seine eigene Realität und alle sehen die Welt ein wenig anders. Deshalb hat für sich genommen jeder Mensch mit allem immer Recht. Jeder Mensch hat immer Recht!

Ihre innere Überzeugung, unbedingt verkaufen zu wollen – gegen Ihre Bequemlichkeit, gegen den Willen des Kunden, gegen die Zeit und gegen alle sonstigen Widerstände –, ist Ihr Schlüssel zum Erfolg. Viel zu häufig geben Verkäufer ganz kurz vor dem Ziel, das Produkt zu verkaufen, auf und verzichten auf den Abschluss.

Entweder Sie verkaufen Ihrem Kunden, dass er Ihr Produkt kauft, oder Ihr Kunde verkauft Ihnen seine Ausreden!

Verkauf ist keine Frage von Zahlen, sondern eine Frage des Konzeptes und der richtigen Einstellung. Ihr Wille, zu verkaufen, muss größer sein als der Wille des Interessenten, nicht zu kaufen, sonst haben Sie verloren, bevor Sie überhaupt angefangen haben!

Kraftvolle und den Gesprächspartner überzeugende Aussagen erreichen Sie, indem Ihre Gestik, Mimik, Körperhaltung, Ihre Ausdrucksweise, die Lautstärke und die Klarheit des Gesagten mit dem Inhalt und dem Ziel Ihrer Aussage übereinstimmen. Aber das wissen Sie ja schon. Wenn Sie die Absicht haben, etwas zu verkaufen, brauchen Sie auch dafür eine geschlossene innere Überzeugung. Also, wenn Sie ganz fest davon ausgehen, dass Ihr Kunde kaufen wird, werden Ihre Formulierungen, Ihre Körperhaltung, Gestik, Mimik und Ihre Stimme das ausdrücken. Sie verwenden dann automatisch die richtigen Worte und sagen das Richtige im richtigen Augenblick. Diese Kongruenz hat eine regelrechte Sogwirkung und macht es Ihrem Käufer schwer, sich gegen Sie zu wehren und nicht zu kaufen. Oder positiv formuliert, Kongruenz sorgt dafür, dass die Kaufabwehrhaltung des Kunden zu Ihren Gunsten kippt. Hat der Kunde erst einmal das Gefühl, kaufen zu sollen, wird dies dafür sorgen, dass er kaufen will!

Kongruenz

Gehen Sie davon aus, dass der Kunde Ihr Produkt auf jeden Fall kauft, lassen Sie keinen Zweifel zu. Schließen Sie aus, dass er sich anders entscheidet! Sehen Sie vor Ihrem geistigen Auge den Abschluss, wie der Kunde unterschreibt und Ihr Produkt benutzt!

Meine Verkäufer haben sich immer die Arbeit gemacht, alle notwendigen Verträge vor der Präsentation komplett auszufüllen. Das war ein großer Aufwand, hat sich aber gelohnt, wie man an der Abschlussquote sehen konnte. Hat der Kunde dann wider Erwarten nicht gekauft, war diese Mühe zwar vergebens, aber nicht umsonst. Sie hat die innere Überzeugung, auf jeden Fall zum Abschluss zu kommen, enorm gestärkt. Interessanterweise waren nur sehr wenige Kunden überrascht, dass alle Verträge bereits ausgefüllt waren und sie nur noch unterschreiben mussten.

Verträge vorher ausfüllen

Das richtige Verhalten

Haben Sie keine Angst vor dem Käufer! Denken Sie in diesem Zusammenhang an einen gefährlichen Hund. Wenn Sie Angst vor dem Hund haben, kann es sein, dass er Sie angreift. Zeigen Sie ihm gegenüber keine Angst, ist er vorsichtig und hält sich zurück. Da es sich hierbei um einen Urinstinkt handelt, der auch für Menschen gilt, können Sie das genauso auf Ihren Kunden übertragen. Ihre Angst nimmt der Kunde unbewusst wahr, sie gibt ihm ein Gefühl der Dominanz. Diese wird er sich dann während des Gesprächs nicht mehr streitig machen lassen. Damit entgleitet Ihnen die Möglichkeit, das Gespräch nach Ihren Regeln zu führen. *Menschen ordnen sich Schwächeren nicht unter!*

Führungsrolle übernehmen Um den Abschluss zu erreichen, müssen Sie die Führungsrolle übernehmen, ohne dass Ihr Kunde sich dabei unterlegen fühlt. Das ist ein recht schwieriger Spagat, den Sie bewerkstelligen können, indem Sie den anderen aufbauen und ihm dabei das Gefühl geben, dass es in diesem Fall das Beste für ihn ist, Ihnen zu folgen. Die Anerkennung als Leitwolf müssen Sie intuitiv erreichen und nicht, indem Sie versuchen, etwas zu beweisen.

Man wird von Ihnen kaufen, weil Sie entweder der Einzige sind, der das Problem lösen kann, oder weil man Sie mag. Wenn Sie im Wettbewerb mit anderen Anbietern stehen, was meistens der Fall ist, müssen Sie den Kunden für sich gewinnen. Das erreichen Sie, indem Sie eine Atmosphäre schaffen, in der er sich wohlfühlt. Dabei ist Folgendes zu beachten:

- Geben Sie Ihrem Kunden Recht, so oft Sie können. Alle Menschen wollen Recht haben!
- Bestätigen Sie Ihren Kunden, wo immer es möglich ist!
- Loben Sie Ihren Kunden!
- Lassen Sie den Kunden zu Wort kommen, sprechen Sie so wenig wie möglich und stellen Sie Fragen!
- Bekunden Sie Verständnis für seine Situation!

Je besser sich Ihr Kunde bei Ihnen aufgehoben fühlt, desto eher wird er von Ihnen kaufen!

Lob und Bestätigung sollten blockweise gegeben werden. Wenn Sie dem Kunden über das ganze Gespräch schön gleichmäßig verteilt »Honig um den Bart schmieren«, führt das eher zu Gleichgültigkeit; der gewünschte Effekt verpufft.

Loben und bestätigen

Was Sie unbedingt beachten sollten, weil sich Ihr Kunde sonst unwohl fühlt und nicht von Ihnen kauft:

- Widersprechen Sie ihm nicht!
- Fallen Sie ihm nicht ins Wort!
- Vermeiden Sie Ja-aber-Formulierungen!
- Schütteln Sie nicht den Kopf, während er spricht!
- Zeigen Sie nicht, wie gut Sie sind, sondern mühen Sie sich manchmal absichtlich ab!
- Zeigen Sie nicht, wie überlegen Sie bei Ihrem Thema sind!
- Stellen Sie niemals Fragen, die Ihr Kunde nicht beantworten kann!
- Vermeiden Sie Behauptungen!

Versuchen Sie niemals, Rechthabern zu beweisen, dass sie im Unrecht sind, egal wie die Faktenlage ist. Solche Besserwisser glauben wirklich, sie wüssten es besser. Je logischer Ihre Beweisführung gegen deren Behauptungen ausfällt, desto mehr bringt sie das gegen Sie auf. Und alles, was Sie sagen, wird dann gegen Sie verwendet. Gerade solchen Personen sollten Sie immer erst einmal Recht geben und sie dann mit anderen Ansätzen vom Gegenteil überzeugen. Tun Sie dabei immer so, als ob Ihr Meinungskontrahent Ihre Position verträte. Und gerade wenn das letztendliche Ergebnis dem widerspricht, was er zu Beginn kundgetan hat, verkaufen Sie es ihm, als ob es seine Idee gewesen wäre.

Umgang mit Besserwissern

Teilt der Interessent Ihre Meinung, weil Sie ihn überzeugt haben oder weil er bereits die gleiche Einstellung wie Sie hatte, sollten Sie in Bezug auf diesen Punkt nur noch positive Aspekte erwähnen. Ist er noch unentschlossen oder ist Ihre Position strittig, erreichen Sie mehr, indem Sie den Umstand mit Für und Wider präsentieren.

Je niedriger das geistige Niveau und die Bildung Ihres potenziellen Kunden ist, desto emotionaler sollten Sie Ihre Argumentation und Präsentation gestalten. Umgekehrt gilt, bei Menschen mit hohem Intellekt und hoher Bildung empfiehlt sich eher eine rationale Begründung und Darstellung der Umstände.

Egal, was der Kunde von Ihnen verlangt, vermeiden Sie die Aussage: »*Ich kann nicht*«. Gehen Sie stattdessen auf das ein, was Sie in Bezug auf seine Forderung erfüllen können. Sind seine Wünsche übertrieben, können Sie durch Nachfragen herausfinden, ob er es wirklich so meint oder ob es nur falsch verstanden wurde. Bringen Sie den Interessenten auf den Boden der Tatsachen zurück, wenn es sein muss. Vermeiden Sie dabei unbedingt, auf etwas einzugehen, das Ihnen nicht möglich ist.

Geben Sie Ihrem Kunden keine Chance, irgendwelche Schwächen aufzudecken. In unseren Genen sind seit Urzeiten Programme verankert, die immer noch Einfluss auf unser Denken und Handeln haben. Eine dieser Programmierungen – man könnte schon fast Instinkt dazu sagen – ist der Umstand, sich dem Stärkeren anzuschließen und die Forderung des Schwächeren zu ignorieren.

Um Ihre Dominanz während des Verkaufsprozesses nicht zu gefährden, müssen Sie Stärke zeigen. Mentale Führer zeigen Möglichkeiten auf und finden Wege. Deshalb folgt man Ihnen, manchmal sogar blind!

Dem Starken folgen
Zeigen Sie Schwäche, so untergräbt das Ihre Autorität als Fachmann und Verkäufer, was dazu führen kann, dass man Sie nicht ernst nimmt und deshalb nicht von Ihnen kauft. Die Urprogrammierung, dem Starken zu folgen und den Schwachen zu missachten, klingt heutzutage überholt, steckt aber immer noch in uns. Es war eine wirkungsvolle Strategie zur Erhaltung der Art. Immer wenn es ums Überleben ging, war man gefährlichen Situationen ausgesetzt, die schnelles Handeln erforderten. Lange Diskussionen über ein geeignetes Vorgehen ließ das nicht zu. Instinktiv schloss man sich dem Sippenführer an. Das war meistens der Stärkste und nicht immer der Schlaueste, trotzdem war er in Krisensituationen der Mann, der das Sagen hatte. Auch für den Fall, dass ein anderer eine bessere Idee zur Bewältigung der Lage vorbrachte, wurde das ignoriert, denn dem Anführer zu folgen war grundsätzlich die richtige Strategie. In vielen Fällen wäre nichts fataler gewesen, als ein unentschlossenes, uneinheitliches

Vorgehen. Oder noch schlimmer: ein Verharren, weil man sich nicht entscheiden kann.

In diesem Zusammenhang gibt es zwei weitere Dinge, die unbedingt zu beachten sind:
1. Entschuldigen Sie sich nicht!
2. Rechtfertigen Sie sich nicht!

Viele Menschen knüpfen sich bei diversen Gelegenheiten ein Sicherheitsnetz aus Entschuldigungen für den Fall, dass sie versagen. Sie glauben, sie stünden dann besser da, wenn etwas nicht erwartungsgemäß läuft. Das Gegenteil ist der Fall! Erstens lenkt man durch Vorabentschuldigungen die Aufmerksamkeit auf eventuelle Fehler, zweitens setzt man die eigene Leistungsfähigkeit dadurch massiv herunter, und drittens riskiert man, seine Führerrolle damit zu verlieren. Das alles ist äußerst kontraproduktiv für den Verkaufsabschluss. *»Ich weiß nicht, ob ich das schaffe, aber ich versuche es einmal«* ist eine Aussage, die Versagen signalisiert. Und wer kauft schon gern von Versagern? Niemand! Eine weitere sehr beliebte Verliererparole, die Sie aus Ihrem Wortschatz verbannen sollten, ist: *»Das wird schon schiefgehen!«* Anstatt sich für etwas zu entschuldigen, sagen Sie lieber gar nichts!

Wenn Sie wollen, dass man Ihnen folgt und das tut, was Sie empfehlen, also Ihr Produkt kauft, brauchen Sie Autorität. Sie müssen das Gefühl vermitteln, dass Sie mit Ihrem Fachwissen und Können der Richtige sind. Dann wird man Sie in Ihrem Fachgebiet als Führer akzeptieren. Dabei ist es noch nicht einmal von Bedeutung, ob Sie wirklich die ultimative Koryphäe in Ihrem Bereich sind, sondern nur, dass Sie es ausstrahlen. Es kommt fast nur auf Ihre Wirkung an, außer Sie sind so schlecht, dass es auffällt. Menschen, die Autorität ausstrahlen, wird eher geglaubt als den besten Fachleuten ohne diese Aura.

Autorität ausstrahlen

Das richtige Verhalten sollten Sie so lange trainieren, bis Sie es beherrschen, ohne darüber nachdenken zu müssen. Überprüfen Sie nach jedem Gespräch mit einem Kunden, ob Sie die hier gegebenen Hinweise beachtet haben oder auch nicht. Niemand, mich eingeschlossen, schafft es, sich vor jedem Satz erst einmal die optimale Vorgehensweise ins Gedächtnis zu rufen. Nur wenn Sie sich *peu à peu* darauf konditionieren, wird Ihnen das gelingen. Es ist die wahrscheinlich wichtigste Übung für eine optimale Verhaltensweise im Verkauf.

Wie Sie Vertrauen gewinnen

Die Systematik und das Vorgehen, um Vertrauen zu gewinnen, sind die Gleichen wie die, um zu überzeugen. Da es sich hierbei um einen unglaublich wichtigen Sachverhalt für das Verkaufen handelt, gestatten Sie mir bitte die folgenden Ausführungen, auch wenn sie Ihnen zum Teil bekannt vorkommen.

Glaubwürdigkeit Je vertrauenswürdiger Sie wirken, desto besser werden Sie verkaufen! Das ist erst einmal sehr einleuchtend, aber leider für die meisten Verkäufer zu profan, um sich damit auseinanderzusetzen. Es wird als gegeben hingenommen und nicht weiter hinterfragt.

Was aber macht jemanden vertrauenswürdig? Die Antwort ist ganz einfach: Glaubwürdigkeit. Wenn Sie ehrlich sind, spiegelt sich das in Ihrer Gestik und noch mehr in Ihrer Mimik wider.

Diese fast nicht bewusst erkennbaren Veränderungen Ihrer Körperhaltung, Ihrer Gesichtsmuskeln, Augenstellung und Bewegung werden intuitiv von anderen wahrgenommen. Ist dieses Gefühl erst einmal vorhanden, ob im positiven oder negativen Sinn, lässt es sich kaum noch korrigieren.

Überlegen Sie einmal, warum Ihnen manche Menschen glaubwürdig erscheinen und andere nicht. In den meisten Fällen werden Sie diesen für den Verkauf entscheidenden Faktor nicht sachlich begründen können. Da sich Ihr Gefühl dazu automatisch bildet, suchen Sie normalerweise auch nicht nach einer weiteren Begründung, sondern nehmen Ihre intuitive Bewertung als gegeben hin. Interessanterweise haben Sie damit bei der Beurteilung einer Person auch in den meistens Fällen Recht. Alles, was jemand tut oder sagt, nachdem man sich ein inneres Bild von ihm zurechtgelegt hat, erscheint in der Färbung dieses Urteils. Das bedeutet für Sie als Verkäufer: Wenn Sie in diesem Sinne positiv bewertet wurden, haben Sie leichtes Spiel; im umgekehrten Fall wird es sehr schwierig werden, einen Abschluss zu tätigen.

Die große Problematik dabei ist der Umstand, dass man während des Verkaufsprozesses nicht ausschließlich die Wahrheit sagen kann, zumindest nicht immer die volle – außer Sie haben immer das Beste zum günstigsten Preis in genau der von Ihrem Kunden gewünschten Ausführung. Um trotzdem glaubwürdig zu sein, ist es erforderlich, eine völlig überzeugte innere Einstellung zu den positiven Eigenschaften des Produktes zu haben. Dabei kommt es nicht so sehr darauf an, dass diese Qualität auch wirklich vorhanden oder der Vorteil gegenüber einem Konkurrenzprodukt tatsächlich so erheblich ist, sondern nur auf die eigene Überzeugung zu diesen Merkmalen.

Da wir die Welt nur subjektiv wahrnehmen können, ist unsere geglaubte Objektivität nur eine Illusion. Deshalb können wir jeden Umstand, der uns wichtig erscheint, so lange in genau dem gewünschten Licht betrachten, bis er uns real erscheint. Wenn das eigene Gefühl durch diesen (für den Verkauf sinnvollen) Selbstbetrug stark genug geworden ist, spielt der Körper in Gestik und Mimik automatisch mit. Noch einmal in Kurzfassung:

Wenn wir uns lange genug etwas eingeredet haben, wird es zur eigenen Wahrheit. Diese Wahrheit bewirkt das überzeugende Gefühl, welches wiederum die körperliche Präsentation so weit unterstützt, dass ein Sachverhalt – ob er nun ganz, teilweise oder gar nicht stimmt – so übertragen wird, dass ihn eine andere Person als zutreffend wahrnimmt. Zumindest wird eine temporäre Ungenauigkeit – um das harte Wort »Lüge« zu vermeiden – nicht sofort als solche entlarvt.

Wenn Sie etwas Wichtiges sagen, sollten Sie dabei Blickkontakt zu Ihrem Kunden halten, denn dann glaubt er Ihnen! Auch dies ist eine unbewusst wirkende Beeinflussung, die natürlich nur funktioniert, wenn die mehrfach angesprochene innere Überzeugung zu dem, was Sie sagen, gegeben ist. Es kommt aus der Gewohnheit, dass Menschen, wenn sie lügen, vermeiden, dem anderen in

Blickkontakt halten

die Augen zu sehen. Also sagt das Gefühl: *»Weil der andere mir in die Augen gesehen hat, muss das Gesagte stimmen.«*

Spricht jemand klar, entschieden und etwas schneller als üblich, wird er von Zuhörern als sachkundiger und glaubwürdiger wahrgenommen, weil dadurch die Annahme entsteht, er weiß, wovon er spricht. Und das ist, solange es nicht offensichtlich als fehlerhaft eingestuft wird, unabhängig von dem, was derjenige sagt und wie viel Ahnung er in Wirklichkeit davon hat. Achten Sie einmal darauf, sollte sich Ihnen die Möglichkeit dazu bieten, wie überzeugend religiöse Führer und Sektengurus den zum Teil hanebüchenen Schwachsinn in ihren Reden herüberbringen. Das liegt daran, dass sie das, was sie sagen, wirklich glauben.

Wollen Sie Vertrauen erwecken, müssen Sie vertrauenswürdig wirken. Einige Maßnahmen, dies zu erreichen, kennen Sie jetzt.

Das Wichtigste ist, dass Sie zu dem, was Sie sagen, zu dem, was Sie tun, und zu sich selbst stehen. Nur wer sich selbst vertraut, dem wird vertraut!

Spiegeln Zu diesem Thema habe ich noch einen äußerst wirkungsvollen Trick für Sie. Um den Kunden bei einem Erstkontakt zu gewinnen, sollten Sie ihn spiegeln, das heißt, seine Körperhaltung, Tonlage etc. so genau wie möglich nachmachen.

Beobachten Sie einmal frisch verliebte Pärchen. Es lässt sich leicht erkennen, dass sie eine stark angeglichene Körperhaltung haben. Sie beugt sich vor, er sofort ebenfalls; er legt die Hand auf den Tisch, ihre Hand folgt. Eine unbewusst positive Wirkung können Sie bei Ihrem Kunden hervorrufen, indem Sie ihn bewusst nachmachen; er kann sich dagegen nicht wehren. Das Einzige, was Sie nicht imitieren dürfen, ist seine Mimik und seine Art zu sprechen. Alle sonstigen Fragmente der Körpersprache und auch das Benutzen von häufig gewählten Worten oder Redewendungen Ihres Gesprächspartners eignen sich zur Nachahmung.

Die Meinung des Kunden zu Ihren Gunsten beeinflussen

Die Meinung des Kunden programmieren

Die Meinung des Kunden zu programmieren, ist die hohe Schule der Manipulation. Die Frage, ob Manipulation ethisch akzeptabel ist, stellt sich erst einmal nicht, da es maßgeblich darauf ankommt, zu welchem Zweck die Manipulation eingesetzt wird. Wäre es nicht schön, Sie könnten einen potenziellen Kunden wie einen Computer programmieren, um damit seine Grundeinstellung positiv in Richtung Ihres Produktes zu bewegen? Es geht! Und das Einzige, was Sie kennen müssen, ist die dazu erforderliche Programmiersprache.

Wiederholung Im Unterschied zum Anbieten oder Verteilen geschieht Verkaufen immer gegen einen Widerstand beim potenziellen Kunden. Dieser Widerstand lässt sich durch ständige Wiederholung einer Botschaft aushöhlen. Sie kennen bestimmt das Sprichwort: Steter Tropfen höhlt den Stein. Eine Behauptung akzeptiert das Unterbewusstsein als zutreffend, wenn sie häufig genug zu ihm durchdringt. Deshalb müssen die für unseren Verkauf wichtigen Kernbotschaften so oft wie möglich wiederholt werden. Das ständige Wiederholen einer Idee wird erst zum Glauben, dann zur Überzeugung. Dabei sollten wir das Gesagte durch positive Handbewegungen unterstützen. Aussagen können durch unterstützende Mimik und Gestik eine unglaubliche Verstärkung erreichen!

Nennen Sie die Kernworte Ihrer Aussage doppelt oder dreifach, um die Wirkung zu verstärken.

- *Der Messvorgang ist sehr genau, so genau, dass Sie sogar …!*
  Diese Genauigkeit hat dazu geführt, dass …!

- *Entscheidend für den Wertzuwachs einer Immobilie sind drei Faktoren:* die Lage, die Lage und die Lage!
- *Die Inspektionsintervalle sind mit 25 000 km sehr lang.* Sie können fahren, fahren, fahren, *und wenn Sie dann zur Inspektion kommen, können Sie mit dem Ersatzwagen gleich* weiterfahren!
- *Damit wird der Teig* locker, locker *und nochmals* locker, *wenn Sie den nicht antackern, kann es sein, dass er abhebt, so* locker *wird der!*
- *Damit erreichen Sie eine* gleich bleibende, gleich bleibende, gleich bleibende *Qualität!*

Abnicken Nimmt der Interessent die Botschaft an, ohne zu widersprechen, sollten Sie versuchen, ihn zum Abnicken zu bringen. Wenn jemand eine Information durch Nicken bestätigt, nimmt sein Unterbewusstsein die Aussage als Wahrheit auf. Abnicken kann man provozieren, indem der Name des Kunden am Ende des Satzes genannt wird.

- *Und könnte es das richtige Produkt sein, Frau Müller?*
- *Sehen Sie, wie stabil das Produkt dabei bleibt, Herr Schmidt?*
- *Leuchtet Ihnen das ein, Herr Schulze?*
- *Können Sie die Logik nachvollziehen, Frau Meier?*

Die Frage sollte möglichst leise und sanft gestellt werden. Damit signalisieren wir, dass uns eine stille Zustimmung als Reaktion ausreicht. Nachdem die Frage gestellt ist, müssen wir den Kunden ansehen, dabei selbst leicht nicken und so lange den Augenkontakt halten, bis auch er genickt hat. Dann sofort weitersprechen, da wir ja nur ein Nicken und keine Antwort wollen.

Gelingt die Programmierung, fängt der Kunde an, unsere Aussage selbst zu verwenden. Sowie dies geschieht, müssen wir ihn dafür loben, das verstärkt das Ganze noch einmal: *»Wie Sie richtig erkannt haben ...!«*

Übernimmt der Kunde die hinter der Botschaft stehende Idee, sollten wir ihn dafür ausgiebig loben – bestenfalls so, als ob es seine Idee wäre; natürlich nur, wenn es passt. Bestätigung verstärkt und Loben noch viel mehr!

Dieser Prozess funktioniert genauso, wenn man eine negative Einstellung zu etwas programmieren will. Verkaufen Sie etwas, von dem der Kunde wenig Ahnung hat, geben Sie ihm ausführliche Erklärungen und ausgewählte Informationen und bitten ihn dann, Ihnen einen oder mehrere Zusammenhänge zu erklären. Er wird automatisch versuchen, dies gut zu machen, und die ihm zuvor vermittelten Einsichten und gemachten Aussagen verwenden. Dadurch verbindet er nicht nur die von Ihnen erhaltenen Daten mit seiner Logik, sondern versucht, auch Ihnen zu gefallen. Das Ganze führt dazu, dass er Ihre Erklärungen und Informationen für seine eigenen hält und sich damit selbst zu der Überzeugung bringt, dass es richtig ist.

Im Gegenzug erwartet er Bestätigung und Lob, welches Sie ihm dafür unbedingt geben müssen. Sollte es dann noch möglich sein, diese Umstände oder Zusammenhänge durch Berichte von Fachleuten oder durch andere Unterlagen zu »beweisen«, verstärkt dies die neu gewonnenen Erkenntnisse Ihres Kunden ungemein. Dabei verwendete Quellen werden kaum angezweifelt, da sie die zuvor durch Ihre Erklärungen erzeugte Einsicht bestätigen. Haben die Gedanken erst einmal eine Richtung eingeschlagen, wird jeder unterstützende Aspekt freudig begrüßt. Eine Änderung der gedanklichen Flussrichtung würde erheblich mehr Energie erfordern und wird immer so lange vermieden, wie die subjektive Logik erhalten bleibt.

Der Kontextrahmen

Eine sehr effektive Möglichkeit, die Meinungsbildung einer Person zu beeinflussen, besteht in der Schaffung oder Veränderung des Kontextrahmens.

Vergleichen

Menschen können Bewertungen nur dann vornehmen, wenn sie die Sache im Vergleich zu einer anderen betrachten. Das bedeutet, die Einschätzung, ob eine Sache gut oder schlecht, hell oder dunkel, groß oder klein erscheint, erfolgt in Abhängigkeit von der zum Vergleich herangezogenen Größe. Ohne Bezug findet keine Wertung statt. Je größer dabei der Kontrast ist, desto einfacher fällt der Denkvorgang. Das Gehirn, wie schon mehrfach erwähnt, versucht es sich immer so einfach wie möglich zu machen. Es ist für jede Unterstützung dankbar.

Wollen wir einen Umstand in einem bestimmten Licht erscheinen lassen, müssen wir dem Kommunikationspartner nur den Rahmen für die Bewertung des Kontextes liefern. Anstatt eine Eigenschaft des Produktes mit blumigen Worten hervorzuheben, wogegen der andere opponieren könnte, fällt es fast gar nicht auf, wenn wir nur den Bewertungsrahmen liefern, der eine positive Beurteilung dieser Eigenschaft bei unserem Kunden automatisch hervorruft.

Beispiel Wird ein Fonds mit einer mittleren Ertragsstärke mit anderen seiner Art verglichen, erscheint die Performance nur mittelmäßig. Nehmen wir aber als Bezugsgröße nur die schlechtesten der anderen Fonds, führt der Vergleich zu einer weit besseren Einschätzung. Setzen wir den Fonds mit ganz anderen Assetklassen in Relation, was wie ein Vergleich von Äpfeln mit Birnen ist, können wir ihn noch besser dastehen lassen. Man kann Dinge so erscheinen lassen, wie man will, indem man sie in Bezug zu etwas anderem setzt. Da der Mensch Dinge besser im Kontext versteht, wird er sich darauf einlassen. Nichts ist von Hause aus gut oder schlecht, aber meistens im Vergleich. Indem sich der Bezugsrahmen verändert, verschiebt sich die Einschätzung der Sache mit. Dies gilt insbesondere auch für Verkaufspreise.

Vergleichsrahmen für Verkaufspreise Stellen Sie sich einmal die folgende Situation vor: Es ist schon nach Geschäftsschluss, und Sie haben großen Durst, stellen aber fest, dass nichts mehr zu trinken im Haus ist. Leitungswasser mögen Sie nicht. Sie ziehen sich an, gehen zum nächsten Kiosk und wollen eine Flasche Wasser kaufen, wofür der Verkäufer 8 Euro verlangt. Trotz der optimalen Verkaufsvoraussetzungen – ein dringender Bedarf ist vorhanden und Sie könnten sich die Flasche Wasser auch leisten – könnte es sein, dass Sie nicht kaufen, weil der Preis Ihnen total überzogen erscheint und Sie sich nicht über den Tisch ziehen lassen wollen. Gibt es in Ihrer Gegend keinen Kiosk, sondern nur ein Fünf-Sterne-Hotel, ist es wahrscheinlich, dass Sie die 8 Euro dort akzeptieren, weil Sie von Anfang an davon ausgegangen sind, dass das Wasser dort teuer sein wird. Noch interessanter wird die Betrachtung, wenn es den Kiosk und das Fünf-Sterne-Hotel in der Nähe gibt. Zuerst gehen Sie zum Kiosk, sind geschockt und nicht bereit, 8 Euro für ein Wasser auszugeben. Da Sie aber immer noch starken Durst haben, gehen Sie weiter zum Hotel. Wenn dort das Wasser sogar noch einen Euro mehr kostet, ist es wahrscheinlich, dass Sie es trotzdem kaufen und nicht zum Kiosk zurückgehen, weil Sie sonst das Gefühl, abgezockt worden zu sein, mitkaufen müssten.

Versuchen wir einmal, die Situation aus logischer Sicht, ohne Berücksichtigung des emotionalen Aspekts, zu betrachten. (Das ist natürlich eine völlig falsche Betrachtung, weil sie nicht menschlich ist.) Wir haben ein identisches Produkt, einmal zu einem Preis von 8 Euro und einmal zu 9 Euro. Um das gleiche Produkt einen Euro teurer kaufen zu können, muss ein zusätzlicher Weg zurückgelegt werden. Ich wette, dass jeder, den Sie fragen werden, welche Flasche er gekauft hätte, die zu 8 Euro wählt, solange Sie den Kontextrahmen (Kiosk und Hotel) nicht erwähnen. Hat sich der Gefragte für die günstigere Variante entschieden, wird er höchstwahrscheinlich dabei bleiben, auch wenn Sie im Nachgang den Kontextrahmen liefern.

Wir alle glauben, rational und logisch zu handeln und zu entscheiden. Wir alle halten uns für den Homo oeconomicus. Aber wir sind es alle nicht! Diesen Umstand können Sie bei Ihren Verkaufsbemühungen nutzen und die Vorteile Ihrer Produkte und deren Preise so erscheinen lassen, wie Sie möchten.

Achten Sie besonders auf Überzeugungen und Vorurteile Ihres Kunden. Sehr oft geben solche pauschalen Wertvorstellungen einen idealen Kontextrahmen ab. Dieser wirkt dann natürlich doppelt so stark, weil der Kunde glaubt, er komme allein von ihm. Dass Sie aus den vielen Möglichkeiten, die er Ihnen bietet, genau die Aussage gewählt haben, die für Sie von Vorteil ist, merkt er nicht.

Vorurteile des Kunden als Rahmen nutzen

Je eindeutiger die Unterschiede dabei sind, desto leichter fällt die Beurteilung. Je leichter die Beurteilung, desto eher wird sie als gegeben hingenommen. Da das Gehirn Vereinfachungen liebt, erlaubt es auch, dass es durch den Kunstgriff der »Schwarz-Weiß-Malerei« hinters Licht geführt wird. Dabei wird der zu beurteilende Umstand als Gegenstück zu nur einem, möglichst gegensätzlichen Kontextrahmen so lange in Bezug gebracht, bis der Denkvorgang, aus der uns bekannten Faulheit heraus, keine weiteren Möglichkeiten mehr in Betracht zieht. Das provoziert die Einschätzung: Wenn es nicht schwarz ist, kann es nur weiß sein! Dabei ist wichtig, dass unser Proband alleine zu dieser Schlussfolgerung kommen muss – wir dürfen sie nicht vorwegnehmen.

Die richtige Rhetorik

Die richtige Wortwahl

Auch die Wortwahl entscheidet über Ihren Verkaufserfolg. Obwohl es Hunderte Bücher und Seminare zum Thema Rhetorik gibt, ist es eigentlich doch recht einfach, wenn Sie ein paar grundlegende Dinge beachten.

Ihr Gesprächspartner nimmt das mit einem Wort verbundene Gefühl stärker wahr als den sachlichen Bezug!

Das bedeutet, der Satz *»Wie hoch der Gewinn für Sie sein wird, weiß ich nicht genau«* wird positiver aufgenommen als der Satz: *»Damit machen Sie zumindest keinen Verlust!«*

Formulieren Sie grundsätzlich positiv! Ersetzen Sie unvermeidbare negative Ausdrücke durch negierte positive Worte.

Verlust	durch	*kein Gewinn*	**Beispiele**
Gefahr	durch	*geringe Sicherheit*	
Preis	durch	*Investition / Wert*	
Teuer	durch	*nicht ganz so preiswert, jedoch …*	

Ersetzen Sie Ausdrücke, die auf die Absicht verkaufen zu wollen hindeuten, durch unverfängliche Ausdrücke:

Zahlung	durch	*Investition*
(dto. *Anzahlung, Bezahlung, Ratenzahlung …*)		
Kosten / Preis	durch	*Wert*
Vertrag	durch	*Vereinbarung*
Unterschrift	durch	*Einverständnis*
unterschreiben	durch	*gegenzeichnen*
kaufen	durch	*erhalten/gehören/bekommen*

Benutzen Sie so viele positive Worte wie möglich!

Wörter, die verkaufen	Gewinn	Möglichkeit	Sicherheit
	Lösung	Verbesserung	Vorsprung
	Umsatz	Erhöhung	Qualität
	Vorteil	Nutzen	Gesundheit
	Sieger	Vermögen	Chance

	besser	schneller	einfacher
	bequem	erreichen	ausgezeichnet
	sicherer	sparsamer	vielseitig
	zufrieden	erholsam	besonders
	wertvoll	preiswert	erleichtern

Vermeiden Sie negative Ausdrücke.

Wörter, die Abschlüsse verhindern	Verlust	Negativität	Dummheit
	Gefahr	Betrug	Missfallen
	Preis	Schaden	Pleite
	Zweifel	Sorgen	Verpflichtung
	Neid	Abschluss	Monatsraten

	negativ	verlieren	verpassen
	verraten	ausgeben	beschädigen
	schlecht	überhöht	vermeiden
	bereuen	unterschreiben	teuer
	unerhört	hassen	zerstören

Vermeiden Sie Reizworte, die zu Konfrontationen führen.

Reizwörter	Irrtum	im Gegenteil	Fehler
	Problem	Versprechen	Vorwand

	aber	trotzdem	einwenden
	lügen	100-prozentig	widersprechen
	müssen	absolut	unmöglich
	stören	beweisen	falsch

Verbannen Sie den Satz: »Das ist kein Problem!« aus Ihrem Wortschatz und vermeiden Sie das Wort »Problem«!

Bei der Suche nach der Bedeutung für ein Wort ruft das Gehirn alle mit diesem Ausdruck je in Verbindung gebrachten Situationen und Umstände auf. Nur so kann es dem erst einmal abstrakten Begriff einen Inhalt geben. Das ist notwendig, um das Wort überhaupt zu verstehen. Wann immer etwas Schlimmes oder Unangenehmes passiert, und das betrifft uns alle, benutzen wir das Wort »Problem«. Und weil dieser Ausdruck mit all diesen furchtbaren Ereignissen unseres gesamten Lebens in Verbindung steht, sollte es tunlichst vermieden werden!

Keine »Probleme«

Während meiner Schulungen mussten diejenigen, die das Unwort »Problem« benutzten, für jede Verwendung 5 Euro in ein Sparschwein werfen. Da kam ganz schön viel zusammen! Allerdings bin ich der festen Überzeugung, dass dies eine ausgezeichnete Investition war, sofern die Schulungen häufig genug stattfanden und es oft genug geschmerzt hat.

Vermeiden Sie »Ich-Formulierungen« wie:

Wir-Formulierungen

- *Ich führe Ihnen vor …*
- *Ich zeige Ihnen …*
- *Ich will Ihnen …*

Formulieren Sie häufig in der »Wir-Form«, das schafft ein Gefühl der Zusammengehörigkeit. Ähnlich, wie ich es in diesem Buch immer wieder gemacht habe.

- *Was halten Sie davon, wenn wir uns einmal …?*
- *Sehen wir uns zuerst die … an!*
- *Unser Vorteil dabei ist …!*
- *Wenn wir wollen, können wir …!*
- *Wir sollten damit beginnen, uns …!*

Je ichbezogener Ihr Kunde ist, desto häufiger sollten Sie versuchen, aus seiner Sicht zu formulieren:

- *Wie Sie bereits gesagt haben …*
- *Wie Ihnen schon aufgefallen ist …*
- *Wie Sie treffend bemerkt haben …*
- *Gemäß Ihrer Vorstellung …*

- *Ganz auf Ihre Idee abgestimmt …*
- *Mit Ihren Worten gesagt …*

Vermeiden Sie Phrasen wie:

- *Das soll nicht Ihr Schaden sein!*
- *Wenn ich ehrlich bin!*
- *Ich bräuchte Ihnen das nicht zu sagen, aber …!*
- *Sie können mir glauben!*
- *Das, was ich Ihnen damit sagen will, ist …!*
- *Selbst auf die Gefahr hin, dass ich mich wiederhole!*
- *Ich will mich nicht wiederholen, aber …!*
- *Wenn ich nicht irre …!*
- *Also, wenn Sie mich fragen …!*
- *Meiner Meinung nach sollten Sie …!*

Vermeiden Sie Behauptungen:

- *Das ist genau das Richtige für Sie!*
- *Etwas Besseres können Sie nicht finden!*
- *Das werden Sie bestimmt nicht bereuen!*
- *Da können Sie sicher sein!*
- *Das ist das Beste, was Sie tun können!*

Benutzen Sie, wenn irgend möglich, keine Suggestivfragen:

- *Sie sind doch sicherlich auch der Meinung, dass …!*
- *Wie Sie sicherlich wissen werden!*
- *Finden Sie das nicht auch unglaublich günstig?*
- *Ist das nicht genau das, was Sie wollten?*

Und unterlassen Sie unbedingt Wenn-dann-Abschlussfragen:

- *Wenn ich Ihnen …, werden Sie dann heute mein Kunde?*
- *Wenn ich Ihnen zeigen könnte …, würden Sie dann mit uns zusammenarbeiten?*
- *Wenn ich Sie davon überzeugen kann, dass …, erteilen Sie mir dann einen Auftrag?*
- *Dieser Vorteil müsste doch alleine ausreichen, damit Sie jetzt kaufen!*

Außerdem ganz wichtig, wenn Sie verkaufen wollen:

Benutzen Sie nicht das Wort »Vorschlag«! Sie bieten eine Lösung und machen keine Vorschläge. Ihr Kunde soll sich nach der Präsentation, nachdem Sie ihm die Lösung seines Problems gezeigt haben, entscheiden. Über Vorschläge muss man erst noch nachdenken. Dagegen wirkt es besonders gut, wenn Sie eine Empfehlung aussprechen.

Das Gehirn vermeidet Anstrengungen! Je einfacher, desto besser. Das Gehirn bemüht sich nur, Sätze oder Zusammenhänge zu verstehen, wenn es die einzelnen Begriffe versteht. Wird es auf Grund nicht vorhandenen Wissens zu theoretisch und zu unverständlich, schaltet es ab. Ihr Käufer nickt brav, versteht aber nichts. Er hat keine Ahnung, wovon Sie sprechen. Sein Gehirn ist auf Durchzug geschaltet. **Einfach ausdrücken**

Da er sich keine Blöße geben will, wird er das nicht zugeben. Sie können dann mit Sicherheit davon ausgehen, keine positive Entscheidung zu bekommen, sondern ein unbegründetes Nein oder doch ein: *»Das muss ich mir überlegen!«*

Versuchen Sie, schwierige Zusammenhänge einfach und verständlich auszudrücken. Reduzieren Sie Inhalte so weit als möglich und konzentrieren Sie Ihre Aussagen auf das Wesentliche. Ich empfehle Ihnen, schwierige Details, Ihr Produkt betreffend, vorher schriftlich so einfach wie möglich zu formulieren.

Das Gehirn arbeitet nach dem Minimax-Prinzip, das heißt, es versucht maximale Informationsaufnahme und -verarbeitung mit geringstem Aufwand zu erreichen. Deshalb ist gehirngerechte Kommunikation kurz, prägnant und eindeutig. Jeder hasst lange, ausschweifende, komplizierte und abstrakte Erklärungen, weil sie schlicht zu anstrengend sind. Zweideutige, verwässernde Wischiwaschi-Aussagen sollten unbedingt ebenfalls vermieden werden. Solche rhetorischen Ungenauigkeiten werden durch folgende Wörter gekennzeichnet: *»eigentlich, eventuell, vielleicht, manchmal, häufig, unter Umständen, im Großen und Ganzen, meistens«*. **Minimax-Prinzip**

Sind Aussagen zu kompliziert, kommt der Angesprochene nicht mit, weil er noch darüber rätselt, was zu Anfang gesagt wurde. Seine Aufnahmefähigkeit schaltet in den Leerlauf. Alles, was jetzt folgt, geht zum einen Ohr herein und zum anderen wieder hinaus. Verliert unser Kunde dabei den gedanklichen Faden, bemüht er sich häufig gar nicht, wieder anzuknüpfen, indem er uns fragt und um Wiederholung bittet, sondern er bleibt im Informationsverarbeitungsleerlauf. Wenn Sie aufmerksam sind, erkennen Sie diesen Zustand am leeren Blick Ihres Gegenüber. Das Gesagte muss einen begreifbaren Inhalt haben, nichtssagende Phrasen sind zu vermeiden, denn auch dabei geht die Konzentration verloren.

Vermeiden Sie unspezifische Aussagen:

- *Wir werden Sie überzeugen!*
- *Nutzen Sie unsere kompetente Beratung!*
- *Wir bieten Ihnen eine umfassende Beratung!*
- *Profitieren Sie von einem hervorragenden Preis-Leistungs-Verhältnis!*
- *Die Qualität unserer Produkte steht außer Frage!*

Da der überwiegende Teil der Sinneseindrücke vom Auge stammt, werden bildhafte Erklärungen leichter und deshalb bevorzugt aufgenommen. Ein Bild sagt mehr als tausend Worte und eine bildhafte Ausdrucksweise spart mehr als tausend Worte! Sie wird einfacher verarbeitet und fördert dadurch das Verständnis.

Dabei wird einer Aussage ein Bild angehängt, um sie zu beschreiben. Beispiele:

Bildhafte Formulierungen

- *Klar wie ein Bergsee*
- *Weiß wie Schnee*
- *Schwarz wie die Nacht*
- *Wertvoller als Gold*
- *Schnell wie ein Leopard*
- *Zuverlässig wie ein Schweizer Uhrwerk*
- *Sicher wie Fort Knox*
- *Hart wie Granit*

- *Zäh wie Leder*
- *Eine Haut wie ein Pfirsich*
- *Schwer wie Blei*

Noch besser werden Ausdrücke verarbeitet, wenn sie bildhaft und außerdem noch emotional sind.

Statt:	*Schnell wie ein Sportwagen*
Besser:	*Schnell wie ein Ferrari*
Statt:	*Tödlich wie ein Raubtier*
Besser:	*Tödlich wie ein hungriger Tiger*
Statt:	*Gewaltig wie ein Gebirge*
Besser:	*Gewaltig wie der Mount Everest*
Statt:	*Wertvoll wie ein Ölgemälde*
Besser:	*Wertvoll wie ein echter Rembrandt*
Statt:	*Reich wie ein Milliardär*
Besser:	*Reich wie Bill Gates*
Statt:	*Das wäre ein großer Zufall*
Besser:	*Das wäre wie sechs Richtige im Lotto*

Analogbeispiele

Schwierige Zusammenhänge werden einfacher verstanden, wenn man mit Analogbeispielen arbeitet. Das heißt, nachdem etwas erklärt wurde, muss ein Beispiel mit einer gewissen Übereinstimmung angeführt werden, welches dem Zuhörer bereits bekannt ist. Sein Gehirn verbindet dann automatisch das Neue mit dem Bekannten. Das hilft ihm, die Erklärung leichter zu verstehen. Beispiele:

- *Diese Beschichtung hat die gleiche Wirkung wie eine bemehlte Arbeitsfläche, an der der Teig nicht kleben bleibt.*
- *Das ist schneller als ein Blinzeln.*
- *Das ist so passgenau, dass keine Briefmarke mehr dazwischenpasst.*
- *Das können Sie sich wie einen Trichter vorstellen: Es kommt immer nur so wenig an, wie auch verarbeitet werden kann.*

- *Wenn Sie sich erst einmal daran gewöhnt haben, ist es wie Fahrradfahren.*

Damit Analogbeispiele Ihre Wirkung entfalten können, darf man sie nicht kommentieren. Deshalb nicht: »*Das ist so einfach wie Busfahren, weil …!*« Lassen Sie Ihre Kunden selbst darauf kommen.

Namen aussprechen Wenn Sie den Namen des Kunden in Ihren Satz integrieren, assoziiert sein Unterbewusstsein, dass etwas Positives folgt. Sprechen Sie deshalb Ihr Gegenüber immer mit Namen an, wenn Sie auf wichtige Aspekte und Fakten Ihres Produktes eingehen. Außerdem erhöht es die Aufmerksamkeit ungemein, wenn der eigene Name fällt. Selbstverständlich sollten Sie Ihren Gesprächspartner nicht namentlich ansprechen, wenn Nachteile besprochen werden.

Wollen Sie etwas Wichtiges und Bedeutungsvolles sagen, empfiehlt es sich außerdem, den Augenkontakt zu intensivieren, dann passt Ihr Zuhörer besser auf!

Nur eine Frage auf einmal stellen Stellen Sie bitte immer nur eine Frage auf einmal! Es ist unglaublich, wie oft der Fehler gemacht wird, den Kunden mit Fragetiraden zu bombardieren. »*Ich müsste erst wissen, wie groß der zur Verfügung stehende Platz ist und in welcher Lage wir einbauen können, wenn Sie überhaupt am Einbau interessiert sind, ganz wichtig wäre mir außerdem zu wissen, nach welcher Spezifikation und auch Normierung gearbeitet wird und wann es überhaupt losgeht, damit ich die Lieferzeit abschätzen kann!*« War das eine Frage? Welche Antwort(en) kann man darauf erwarten? Oder war das eine Feststellung? Und auch das waren schon wieder drei Fragen auf einmal!

Nicht zu viel sprechen Sprechen Sie nicht zu viel! Versuchen Sie, Ihren Gesprächspartner so oft wie möglich in das Gespräch einzubinden. Vermeiden Sie nach Möglichkeit, zu lange zu sprechen. Monologe wirken meist einschläfernd. Wenn Sie etwas ausführlich erklären wollen und sich ein längerer Vortrag nicht vermeiden lässt, können Sie Ihre Zuhörer durch kurze Bestätigungsfragen wie: »*O.k.? – Ja? – Einverstanden? – Gut so weit? – Bin ich zu schnell? – War das verständlich?*« auf Empfang halten. Aber denken Sie immer daran: In der Kürze liegt die Würze!

Sprechen Sie langsam und selbstbewusst! Versuchen Sie, Binde-
worte und Laute wie *»äh, also, was ich meine …«* zu vermeiden. Eine
faktische Formulierung wirkt am stärksten. Sagen Sie statt: *»Ich
werde mich darum kümmern!«* besser *»Ich kümmere mich darum!«*

Kommunikation ist ein interaktiver Vorgang. Während Ihr Gesprächspartner spricht, besonders bei längeren Passagen, müssen
Sie ihm signalisieren, dass Sie noch auf Empfang sind. Das geschieht
mittels Gestik und Mimik, durch Kopfnicken und anerkennende
Handbewegungen, aber insbesondere auch durch Beachtungslaute
und Bestätigungsworte wie: *»Aha, mhm, ähm, ja, ach ja, interessant,
o.k., einverstanden, gut, sagen Sie bloß«* etc. Möchten Sie Ihren Kommunikationspartner abschalten, also seinen Redefluss unterbrechen, müssen Sie ihm bloß die soeben beschriebenen Signale Ihrer
Aufmerksamkeit verweigern, und er kommt zum Ende. Beachten
Sie aber, dass dieses Ausbremsmanöver sehr unangenehm ist für
den anderen und deshalb nur in wirklichen Notfällen angewandt
werden sollte. Ist es dennoch nötig, müssen Sie, nachdem der
Wortschwall versiegt ist, das Gesagte im Nachhinein anerkennen
und ein Lob aussprechen. Im gleichen Atemzug sollten Sie dann
das Thema wechseln oder in eine andere Richtung lenken, sonst
fängt er sofort wieder an. *»Das war sehr interessant, haben Sie in diesem Zusammenhang schon einmal über … nachgedacht?«* Um den eben
beschriebenen Aspekt brauchen Sie sich nicht zu viele Gedanken
zu machen, im Allgemeinen macht das jeder automatisch richtig.
Ich habe es nur der Vollständigkeit halber erwähnt.

Die Anwendung positiver Formulierungen ist nur dann konsequent gegeben, wenn sie zur Gewohnheit geworden ist. Wenn Sie
versuchen, sich während Ihrer Verkaufsgespräche an den Inhalt
dieses Kapitels zu erinnern, Ihnen dabei die Worte, die verkaufen,
aber nicht mehr einfallen, nutzt das wenig.

> **Versuchen Sie, ein Bewusstsein für positive Rhetorik zu
> entwickeln, indem Sie die oben genannten gewünschten
> Worte in Ihren allgemeinen Sprachgebrauch integrieren.
> Indem Sie diese Worte und Formulierungen häufig benut-
> zen und dabei auch versuchen, die negativen Worte und
> Beispiele zu vermeiden, entwickeln Sie eine Sprache, die
> Ihnen bei Ihrer Arbeit ausgesprochen hilfreich sein wird.**

Worte und Sätze können enorme Auswirkungen haben. Bei dem Vorgang, die Bedeutung eines Wortes oder den Sinn eines Satzes zu erkennen, greift das Gehirn auf alle Informationen, Umstände und auch Emotionen, die es mit dem zu identifizierenden Begriff oder Sachverhalt in Verbindung bringt, zurück. Je nachdem, wie stark ein Wort emotional beladen ist, kann dieser Vorgang wahrnehmbare Stimmungen hervorrufen. Achten Sie deshalb genau auf die Reaktionen und die Wortwahl Ihres Gesprächspartners, wenn etwas sehr Positives oder Negatives gesagt wird. Haben Sie ein emotionales Schlüsselwort identifiziert, können Sie die negativ besetzten emotionalen Schlüsselwörter dafür einsetzen, einen Zustand massiv schlechter wirken zu lassen, als er eigentlich ist, zum Beispiel, wenn über Konkurrenzprodukte gesprochen wird. Im Fall von emotional positiv verknüpften Wörtern können Sie diese zum Verstärken von wichtigen Kaufargumenten nutzen.

Wenn Sie sich nicht sicher sind, ob Sie ein emotionales Schlüsselwort richtig erkannt haben, testen Sie es. Benutzen Sie das Wort und achten Sie genau auf die Auswirkungen und die Reaktionen bezüglich der Mimik und der Körpersprache Ihres Kunden. In diesem Sinn funktionierende Emotionen, auslösende Worte und Sätze sollten Sie dann sparsam verwenden, da es zu Gewöhnungseffekten kommen kann, die die Wirkung beeinträchtigen.

Sprechen Sie die Sprache Ihres Kunden

Wenn Sie nicht die Sprache Ihres Kunden sprechen, kann es Ihnen schnell passieren, dass Sie beide aneinander vorbeireden und deshalb nichts verkauft wird. Die meisten Kommunikationsfehler entstehen dadurch, dass man davon ausgeht, der andere müsse einen verstanden haben, nur weil man sich klar ausgedrückt hat. Dem ist aber nicht so, jedenfalls nicht immer.

Wir haben fast alle verschiedene Filter und erfassen deshalb Umstände und Gegebenheiten unterschiedlich. Dies ist auch der Grund dafür, dass Menschen oft aneinander vorbeireden. Es kommt nicht so sehr darauf an, was jemand sagt, vielmehr ist es wichtig herauszufinden, was er damit meint. Jeder geht davon aus sich klar auszudrücken, und nimmt an, der Zuhörer versteht nicht nur, was gesagt wurde, sondern auch, was damit gemeint ist. Dazu kommt dann noch die Ungenauigkeit der Sprache, und das Missverständnis ist perfekt.

Beispiel

Dazu ein kleines Beispiel aus der Rhetorikschule. Der folgende Satz erhält jedes Mal eine andere Bedeutung, je nachdem welches Wort des Satzes betont wird.

Er sagte, er habe das Geld nicht gestohlen!
(Dann hat er das gesagt und kein anderer)

Er **sagte**, er habe das Geld nicht gestohlen!
(Er hat es zwar gesagt, aber …)

Er sagte, **er** habe das Geld nicht gestohlen!
(Meint er damit, dass der andere es gestohlen hat?)

Er sagte, er **habe** das Geld nicht gestohlen!
(Dann hat es wahrscheinlich ein anderer gestohlen.)

Er sagte, er habe **das** Geld nicht gestohlen!
(Also das Geld nicht, vielleicht anderes Geld?)

Er sagte, er habe das **Geld** nicht gestohlen!
(Na ja, dann doch nur den Schmuck?)

Er sagte, er habe das Geld **nicht** gestohlen!
(Dann meint er, dass er es einfach nicht gestohlen hat!)

Er sagte, er habe das Geld nicht **gestohlen**!
(Hat er es nur veruntreut?)

> **Missverständnisse entstehen durch die Diskrepanz zwischen dem Gedachten, dem Gesagten, dem Gehörten und dem Verstandenen, multipliziert mit der Ungenauigkeit unserer sprachlichen Möglichkeiten.**

Aufgrund wissenschaftlicher Untersuchungen weiß man, dass der Informationsgehalt einer Aussage nur zu ca. 10 Prozent durch das, was gesagt wurde, also durch die benutzten Worte, aber zu ca. 30–40 Prozent durch die Art und Weise des Sprechens, also den Tonfall, die Sprechgeschwindigkeit etc., und zu immerhin ca. 50–60 Prozent durch die Körpersprache erfasst wird.

Arbeitet Ihr Gehirn in einer anderen Struktur als das des Kunden, werden Sie andere Worte und Ausdrücke verwenden, um etwas zu beschreiben. Dieser muss das Gesagte erst in sein System übersetzen, um es zu verstehen. Bei jeder Übersetzung entstehen Abweichungen, die zu Missverständnissen führen können. Das können Sie leicht testen. Lassen Sie einen deutschen Text in eine andere Sprache übersetzen und dann diesen Text (von jemand anderem) wieder ins Deutsche rückübersetzen. Vergleichen Sie dann die beiden deutschen Texte – Sie werden staunen!

Denksysteme Das Gleiche passiert, wenn Ihr Kommunikationspartner ein anderes bevorzugtes Denk- und Sprachsystem benutzt. Die Denksysteme sind:

- Sehen und bildlich vorstellen
- Hören
- Berühren und fühlen
- Riechen
- Schmecken

Die letzten beiden, Geruch und Geschmack, spielen in der westlichen Welt eine untergeordnete Rolle und sind deshalb bei der Beurteilung der Denksysteme für uns nicht von Bedeutung. Wir konzentrieren uns auf die ersten drei, Sehen, Hören und Fühlen.

Da wir sehen, hören und fühlen können, benutzt unser Gehirn alle drei Systeme, sowohl einzeln, nacheinander als auch gemischt miteinander. Allerdings ist es ungemein komplexer, die Systeme gleichzeitig zu berücksichtigen. Da es auch erheblich mehr Energie verbrauchen würde, gewöhnt man sich an, ein System zu bevorzugen.

Dieser Vorgang beim Denken läuft unbewusst ab. Welches Schema favorisiert wird, ist aber durch die Wahl der Worte beim Artikulieren des Denkergebnisses zu identifizieren.

Die Krux ist, dass das bevorzugte Denkschema nicht bei jedem gleich ist. Das führt dazu, dass sich Menschen mit gleichem Präferenzsystem besser verstehen und Menschen mit unterschiedlichen Präferenzsystemen leicht aneinander vorbeireden.

Einem Verkäufer, mit dem man sich gut versteht, weil er das gleiche Denksystem verwendet, kauft man eher etwas ab!

Eine nicht kompatible Sprachform führt zu Misstrauen und Ablehnung. Diese Aussage ist nicht absolut zu verstehen, da es sich nur um einen Teilbereich bei der Bewertung einer Person handelt, allerdings um einen sehr wichtigen. Oftmals ist uns nicht bewusst, warum wir jemanden sympathisch finden oder auch nicht. Noch erheblich schwieriger ist es für uns zu verstehen, warum uns jemand unsympathisch finden könnte.

Woran erkennt man, welches bevorzugte Denkschema unser Kunde hat, und wie kann man sein eigenes System dem des Kunden angleichen, wenn es nicht zufällig identisch ist? Das ist ganz einfach: Man muss auf die Art der verwendeten Worte und Formulierungen achten und darauf, wie diese artikuliert werden. Hat man das System erkannt, was nicht sehr schwer ist, da es nur drei Hauptarten gibt, sollte man versuchen, das gleiche System zu verwenden, das heißt, mit denselben Worten und Formulierungen zu sprechen wie der potenzielle Kunde.

Man erkennt das Denkschema an der Art, wie der andere spricht. Visuell Denkende (Sehen) sprechen im Allgemeinen schnell mit eher hoher Tonlage und leicht angespannt. Das kommt daher, dass sie in Bildern denken. Sie sehen einen gedanklichen Film ablaufen, den sie versuchen, in Worte zu fassen. **Visuelles Denkschema**

Auditiv Denkende (Hören) sprechen langsamer als die visuell Denkenden. Sie neigen zu Selbstgesprächen und sprechen Worte beim Zuhören mit, ihre Lippen bewegen sich still, während ein anderer spricht. Ihr Kopf ist beim Sprechen leicht geneigt, so als ob sie sich selber zuhören. **Auditives Denkschema**

| Kinästhetisches Denkschema | Kinästhetisch Denkende (Fühlen) sprechen langsam mit eher tiefer Stimme und machen häufig Sprechpausen. Sie halten ihr Haupt leicht nach unten geneigt und atmen dabei tief. |

Am leichtesten erkennt man die Art des Denkens an der Wahl der benutzten Worte und Formulierungen. Das heißt, dass ein Mensch die Worte bevorzugt, die seinem Denkschema und dem daraus resultierenden Sprachmuster entsprechen.

Visuelle Formulierungen

Eine stark visuelle Prägung (Sehen) kann man an den folgenden Wörtern und Formulierungen erkennen:

- *Sehen, Bild, Perspektive, Szene, Fokus, Einsicht, Aussicht, Einblick, Betrachtungswinkel, Durchblick, klare Vorgaben*

- *zusehen, betrachten, erkennen, scheinen, zeigen, beobachten, vorstellen, vorhersehbar, undurchsichtig, deutlich, bildhübsch, transparent*

- *Klar zu erkennen*
  Sich ein Bild machen
  Sieht aus wie
  Da blicke ich nicht durch
  Den Durchblick haben
  Aus meiner Sicht
  Standpunkt des Betrachters
  Das sehe ich auch so
  Zeig mir, was du meinst
  Es scheint, als ob
  Schauen wir mal
  Ein Blick genügt
  Sich etwas ausmalen
  Sich einen Überblick verschaffen
  Angesichts der Tatsache
  Meiner Ansicht nach
  Vor meinem geistigen Auge
  Deutlich erkennen
  Einen Blick auf etwas werfen
  Sichtbare Ergebnisse

Für eine auditive Ausprägung (Hören) sprechen folgende Worte:

- *Ruhe, Stille, Lärm, Ton, Geräusch, Anmerkung, Unterton, deutliche Signale*

- *laut, leise, sprachlos, verständlich, mündlich, unerhört, hörbar, laut und deutlich, sagen, hören, überhören, fragen, nachfragen, zuhören, melden, klingen, betonen, mitteilen, bekunden, anmerken, rufen, schweigen, beschreiben*

- *Da frage ich mich*
  Hört sich gut an
  Das klingt gut
  Darf ich eine Anmerkung machen
  Dazu würde ich sagen
  Das spricht mich an
  Das ist unerhört
  Wort für Wort
  Wörtlich nehmen
  Ich bin ganz Ohr
  Sich Gehör verschaffen
  Auf dem Ohr bin ich taub
  Den Mund halten
  Danke der Nachfrage
  Gute Resonanz haben

Und auf ein kinästhetisch veranlagtes Denk- und Sprachmuster (Gefühl) weisen die folgenden Begriffe hin:

- *Gefühl, Zuversicht, Spannung, Angst, Freude, Liebe, Traurigkeit, Hoffnung*

- *glatt, fest, rau, sanft, hart, kompakt, filigran, dünn, dick, warm, kalt, heiß, grob, spürbar, greifbar, unfassbar, einfühlsam, sensibel, gefühllos, fantastisch, traumhaft, fühlen, begreifen, berühren, rauswerfen, leiden, freuen, sich beherrschen, festhalten*

- *Ein Auge zudrücken*
  In Angriff nehmen
  Davon halte ich nichts

Wo drückt der Schuh?
Ist mir entfallen
Ich kann dir nicht folgen
Dafür lege ich meine Hand ins Feuer
Das sollten wir so festhalten
Einen Kontakt herstellen
Etwas in den Griff bekommen
Ein gutes Gefühl haben
Hand in Hand
Hals über Kopf
Auf dem Teppich bleiben
Ich habe das Gefühl
Alles auf den Kopf stellen
Mit offenen Karten spielen
Keine Panik

Mischformen Da es jedoch auch Mischformen der beschriebenen Typisierungen gibt, macht man es sich am einfachsten, wenn man versucht, so weit wie möglich mit den Worten und Redewendungen des Kunden zu sprechen. Wenn es Ihnen dabei gelingt, dass Ihr Gesprächspartner leise mitspricht, während Sie etwas sagen, oder noch besser, wenn er Ihren Satz beendet, haben Sie gewonnen! Gleich und Gleich gesellt sich gerne! Menschen, die uns ähnlich sind, wirken sympathischer auf uns.

Inhalte werden eher für wahr gehalten, wenn sie mit den bevorzugten Worten und Formulierungen des anderen dargestellt werden. Diese stark intuitive Wirkung können Sie nutzen, indem Sie bei der Präsentation von Produktvorteilen die von Ihrem Kunden häufig benutzten Adjektive und Redewendungen einsetzen.

Die Stimme

Erinnern Sie sich an die Aufteilung der Informationsaufnahme und dass es nicht nur darauf ankommt, was Sie sagen, sondern vielmehr darauf, wie Sie es sagen? Deshalb kommt Ihrer Stimme besondere Bedeutung zu.

Sind Sie zu laut und zu aggressiv, signalisiert dies Ihrem Gesprächs- **Zu laut**
partner, dass Sie unter Druck stehen. Ein geübter Verhandler wird
das sofort ausnutzen und versuchen, Sie zu provozieren, damit
Sie noch lauter und aggressiver werden. Das gibt ihm die Möglichkeit, das Gespräch zu beenden, falls und wann er möchte. Es
gibt ihm die Kontrolle.

Eine zu leise Stimme ist auch nicht gut, sie lässt auf Unsicherheit **Zu leise**
schließen. Nur wenn Sie Ihrem Gesprächspartner ein Gefühl der
Kontrolle geben wollen, sollten Sie das Volumen Ihrer Stimme
stark zurücknehmen. Dies macht zum Beispiel bei der Negativumkehr Sinn oder wenn Sie Ihren Kunden dadurch glauben lassen wollen, er habe einen Schwachpunkt getroffen, der eigentlich
gar keiner ist.

**Versuchen Sie, ruhig und tief zu sprechen, das beruhigt
Ihren Kunden und macht Sie ihm sympathisch. Es versetzt
ihn unbewusst in eine geborgene Stimmung, wie er sie
wahrscheinlich bei seiner Mutter oder seinem Vater erlebt
hat, wenn er getröstet wurde.**

Unterstreichen Sie Ihre Aussagen mit Gesten, wenn sie wichtig **Nonverbale**
sind! Nonverbale Signale werden als glaubwürdiger empfunden **Signale**
als verbale. Das bedeutet, dass Ihre Mimik, Gestik und Körpersprache nicht nur stärker (quantitativ) durch den Zuhörer zur In-
formationsbildung herangezogen werden, sondern dass er diesen
Signalen auch mehr Glauben (qualitativ) schenkt.

Das Ende ist der Anfang

Sicherlich haben Sie schon mehrfach Literatur zum Thema Verkaufen gelesen, es betrifft ja schließlich Ihren Job. Versuchen Sie einmal, den Basisinhalt dieser Bücher zusammenzufassen, und überlegen Sie, wie weit Ihnen das Wissen bei Ihren täglichen Bemühungen um Abschlüsse und Kunden wirklich weitergeholfen hat. Auch ich habe natürlich einige Ratgeber durchgearbeitet, die mir bessere Ergebnisse meiner Verkaufsbemühungen versprochen haben. Dabei habe ich festgestellt, dass die Inhalte sehr häufig ähnlich sind. Oft wurden die folgenden Ratschläge gegeben:

- Verschaffen Sie sich einen guten Einstieg!
- Versuchen Sie, mit dem Käufer warmzuwerden!
- Führen Sie Ihr Produkt optimal vor!
- Wandeln Sie Vorwände in Einwände um!
- Klären Sie die Einwände!
- Kämpfen Sie für den Abschluss!

Kein Trojanischer Krieg Selten gab es eine genaue Anleitung, wie die einzelnen Schritte exakt auszuführen seien, zumindest keine, die man sofort umsetzen konnte. Die Grundaufforderung hieß meistens »kämpfen – kämpfen – kämpfen«. Das erinnert mich an den eingangs beschriebenen Trojanischen Krieg. Zehn Jahre lang wurde gekämpft, gekämpft, gekämpft. Zehn Jahre lang versuchten Tausende Krieger, mit Brachialgewalt gegen die hohen Mauern Trojas anzulaufen. Zehn Jahre lang gab es Verletzte und Tote und sicherlich auch eine gehörige Portion Frust bei jedem einzelnen Belagerer. Dann wandte man eine Kriegslist an und baute das Trojanische Pferd. Im Handumdrehen wurde damit die uneinnehmbare Stadt besiegt. Die Kraft einer einzigen Idee und ihre perfekte Umsetzung waren stärker als die von Tausenden Soldaten während ganzer zehn Jahre.

Hören Sie auf, gegen die Abwehrhaltung Ihrer Kunden anzulaufen! Beenden Sie das Kämpfen – es kostet zu viel Kraft – und bauen Sie trojanische Pferde. Mit fortschreitender Übung wird Ihnen das immer besser gelingen. Warten Sie darauf, dass der Kunde Ihr Trojanisches Pferd hinter seine Mauern bringt, und schlagen Sie dann zu.

Sie brauchen nur herauszufinden, ob Ihr potenzieller Kunde Probleme hat, die er lösen will oder lösen sollte, ob er die Lösung bezahlen kann und will und ob er bereit ist, sich für eine Lösung zu entscheiden. Dann ist Ihre Präsentation bereits der Verkauf und Sie haben nicht das Risiko zu versagen. Denn entweder Sie bekommen eine Vereinbarung mit dem Kunden oder eben nicht.

Der Käufer ist es nicht gewohnt, Vereinbarungen zu schließen und sich auch daran zu halten. Deswegen sollten Sie langsam vorgehen und sich glasklar ausdrücken. Die Vereinbarungen müssen so oft wie möglich wiederholt und bestätigt werden. Vereinbarungen, die zum Auftrag führen sollen, sind nur so stark wie ihr schwächstes Glied. Auch wenn Sie die Bedarfsermittlung und die Budgetklärung perfekt ausgeführt haben, aber bei der Vereinbarung zur Entscheidung nicht hundertprozentig waren, kann das dazu führen, dass der Abschluss doch nicht zustande kommt. Der Käufer wird die Schwäche erkennen und dazu nutzen, alle Vereinbarungen über den Haufen zu werfen.

Das können Sie vermeiden, indem Sie in jeder Phase der Strategie genau arbeiten und starke Vereinbarungen treffen. Eilen Sie nicht, nehmen Sie sich immer so lange Zeit, bis Sie die notwendigen Zusagen sicher haben. Sorgen Sie durch Rückfragen dafür, dass zwischen Ihnen und Ihrem Käufer alles klar ist, dass Sie sich verstehen. Fassen Sie zusammen, wiederholen Sie und erinnern Sie so oft wie möglich an die getroffenen Übereinkünfte.

Gewinner finden Wege, die funktionieren, und gehen dann diese gleichen Wege immer wieder!

Versuchen Sie das beschriebene Konzept Stück für Stück umzusetzen. Vielleicht gelingt es Ihnen nicht auf Anhieb, alle Ideen und Vorgehensweisen perfekt auszuführen. Lassen Sie sich Zeit! Verinnerlichen Sie zuerst die Basis der Trojanischen Verkaufsstrategie wie beschrieben. Lernen Sie dann die richtige Vorgehens-

Schritt für Schritt

weise der einzelnen Schritte. Langsam, aber stetig, einen nach dem anderen. Je nachdem, wie viele Verkäufe Sie am Tag oder in der Woche ausführen, können Sie nach und nach – vielleicht eine neue Idee pro Woche – umsetzen und so das Gelernte zur Gewohnheit machen. Wenn Sie sich danach noch mit den psychologischen Kniffen und Verhaltensweisen sowie mit der Rhetorik auseinandersetzen, werden Sie, da bin ich sehr zuversichtlich, zum Topverkäufer bei Neukundenabschlüssen werden. Was immer Sie beschließen zu lernen und anwenden möchten, versuchen Sie, es innerhalb von drei Tagen in die Praxis umzusetzen, weil die Idee sonst Ihrem Bewusstsein entschwindet.

Wenn sich die Trojanische Verkaufsstrategie auch bei Ihnen bewährt, wovon ich ausgehe, können Sie sich weitere Bücher zum Thema Verkaufen sparen. Ich will damit nicht behaupten, dass das hier vorgestellte Konzept das beste ist, aber es hat seine Vorteile, ist umsetzbar und funktioniert. Und Sie brauchen nur ein funktionierendes System. Es ist effektiver, eine in sich geschlossene Verkaufsstrategie perfekt zu beherrschen als unstrukturiert zu mischen.

In diesem Zusammenhang möchte ich Sie noch einmal daran erinnern, dass die Trojanische Verkaufsstrategie nur zur Neukundengewinnung gedacht ist. Probieren Sie das nicht bei Ihren bestehenden Kunden aus, es ist unnötig und könnte schiefgehen.

Verkaufsstrategie nur für Neukunden
Die psychologische und emotionale Einstellung Ihrer Altkunden Ihnen gegenüber ist anders als die von Neukunden. Damit Sie die durch die Trojanische Verkaufsstrategie neu gewonnenen Kunden, die damit Bestandskunden sind, halten können, empfehle ich Ihnen, sich mit Konzepten zur Kundenbetreuung, Kundenbindung und Förderung zu beschäftigen. Zu diesem Thema gibt es viele interessante Bücher und Seminare. Denken Sie daran, es kostet weit weniger Energie und Zeit, die bestehenden Kunden zu betreuen und damit neue Abschlüsse zu forcieren, als neue Klienten zu finden und zu gewinnen. Ich wünsche Ihnen interessante Erkenntnisse bei der Umsetzung!

Das Buch ist als Arbeitsbuch konzipiert. Bei dem Versuch, die **So sollten Sie** Trojanische Verkaufsstrategie anzuwenden, können Sie Schritt **vorgehen** für Schritt vorgehen. Ich empfehle Ihnen, den zweiten Teil noch einmal komplett zu lesen und dann damit zu starten, das Kapitel »Den Kunden qualifizieren« (zweiter Teil) in die Praxis umzusetzen. Sowie das zu Ihrer Zufriedenheit klappt, können Sie mit dem nächsten Kapitel weitermachen, bis Sie den gesamten Verkaufsvorgang beherrschen. Danach sollten Sie sich den ersten Teil noch einmal vornehmen, damit Sie verstehen, warum das bisher Geübte so gut funktioniert. Wenn Sie sich dann daranmachen, den dritten Teil des Buches zu verinnerlichen, sollten Sie sich nach den Fragetechniken der richtigen Rhetorik widmen.

Das Richtige richtig zur richtigen Zeit und in der richtigen Dosierung zu sagen und dabei die schlimmsten der endlosen Möglichkeiten sprachlicher Fehler zu vermeiden, ist das A und das O erfolgreichen Verkaufens. Für den Fall, dass Sie Ihre rhetorischen Fähigkeiten für verbesserungswürdig erachten, sollten Sie sogar mit diesem Kapitel beginnen. Auf wenigen Seiten finden Sie komprimiert den für das Verkaufen wichtigsten Teil rhetorischen Wissens. Das spart Ihnen nicht nur das Studium mehrerer Bücher, sondern ist auch erheblich einfacher in die Praxis umzusetzen, weil Sie sich nur auf wenige Seiten konzentrieren müssen.

Falls Ihnen das vorgestellte Konzept nicht zusagt oder einfach für Ihren speziellen Bereich nicht passt, können Sie trotzdem von den im dritten Teil vorgestellten Techniken profitieren. Außerdem funktionieren die einzelnen Schritte der Trojanischen Verkaufsstrategie auch unabhängig voneinander. Sind Sie bei der Ausführung Ihrer Verkaufsgespräche in einem Bereich nicht so stark, wie Sie es sich wünschen, kann auch der entsprechende Teilbereich der Trojanischen Verkaufsstrategie zur Verbesserung Ihrer Fähigkeiten beitragen.

Zumindest sollten Sie jetzt die Auswirkungen Ihres Verhaltens **Auswirkungen** und Ihrer Vorgehensweise und – noch wichtiger – die Gedanken, **verstehen** Absichten, Beweggründe und Handlungsweisen Ihrer Kunden und derer, die es nicht geworden sind, besser einschätzen und verstehen können.

Ich wünsche Ihnen elegante Abschlüsse und viele neue Kunden! Am meisten wünsche ich Ihnen aber großen Spaß und Befriedigung durch die Einflussnahme auf das Geschehen während des Verkaufsvorgangs.

Wenn man weiß, wie man Menschen manipulieren kann, verfügt man über große Macht. Nutzen Sie diese nicht aus und verkaufen Sie bitte nur »anständige« Produkte und Dienstleistungen. Denn Macht zu haben heißt, auch die Verantwortung dafür zu tragen!

Wenn mein Buch Ihnen den Anstoß geben konnte, bei Ihren Verkaufsbemühungen strukturierter vorzugehen, macht mich das sehr zufrieden. Wenn ich Sie darüber hinaus für die Trojanische Verkaufsstrategie begeistern konnte, macht mich das glücklich! Wie es auch sei, ich hoffe, dass Ihnen die Lektüre etwas gebracht hat und von Nutzen für Sie sein wird.

Besser jetzt als später Zum Schluss noch ein wichtiger Hinweis. Sagt Ihnen Ihr Gefühl *»Das war gut, das sollte ich probieren«*, kommt das aus Ihrer Intuition, und die hat immer Recht! In diesem Fall sollten Sie unbedingt jetzt entscheiden, was Sie in Zukunft genau für sich nutzen wollen und wann Sie damit beginnen möchten. Notieren Sie dieses Datum vorne im Buch und legen Sie es dorthin, wo es Ihnen im Weg ist. Wenn die Trojanische Verkaufsstrategie in Ihrem Bücherregal landet, könnte es sein, dass sie dort in Vergessenheit gerät. Es gibt einfach zu viele Dinge, die wir heutzutage im Kopf behalten müssen. Und wenn auch Ihnen eine massive Umsatzsteigerung durch die Anwendung der beschriebenen Vorgehensweisen gelingt, dann besser sofort als in ein paar Jahren.

In diesem Sinne wünsche ich Ihnen nochmals viel Spaß – der Umsatz kommt dann von alleine!

Ihr Stefan Pfeifer

*»Es gibt auf der ganzen Welt nur
eine einzige Methode*, um andere
Menschen zu beeinflussen:
Mit ihnen über das zu sprechen, was
sie haben möchten, und ihnen zu
zeigen, wie sie es bekommen können.«*
(Dale Carnegie, amerikanischer Rhetoriklehrer)

*Im Prinzip ja, aber … (Anmerkung des Autors)

Stichwortverzeichnis

Über den Autor

Nach einer kaufmännischen Ausbildung war Stefan Pfeifer zunächst im Export von Stahl und Rohren für den Offshore-Einsatz tätig. Durch gezielte und sehr schnelle Aneignung mehrerer Fremdsprachen konnte er sich mehrfach beruflich verbessern und war schließlich mit nur 28 Jahren *Exportleiter Welt* für technische Ausrüstungen.

Trotz des schnellen beruflichen Erfolgs war Pfeifer jedoch unzufrieden und begab sich auf die Suche nach seiner Berufung. Zwischen 1988 und 1991 probierte er verschiedene Berufe und Tätigkeiten aus, die ihm interessant erschienen. Unter anderem importierte er Werbeartikel und betrieb eine Werbeagentur, verkaufte einen medizinischen Impulsgeber, vertrieb Rohleder, verkaufte die ersten Plasmaschneidanlagen in Deutschland und Timesharing-Anteile in Mexiko. Danach schloss er sich dem weltweit ersten ökonomisch orientierten Ökologieprojekt zur Rettung des Regenwaldes in Costa Rica an, das aufgrund maßloser Überschätzung aller Beteiligten leider scheiterte.

Während eines Zwischenstopps auf dem Rückweg nach Deutschland erfuhr Pfeifer von einem Freund, dass er spezielle Seminare zum Thema Verkaufspsychologie besucht hatte und damit im Verkauf erfolgreich geworden war. Pfeifer absolvierte daraufhin eine Ausbildung in Verkaufspsychologie in den USA (Philadelphia) und fand genau darin seine Berufung.

Mit nur 32 Jahren startete er anschließend als Verkäufer in der Finanzdienstleistungsbranche und setzte damit sein theoretisches Wissen in praktische Erfahrung um. Unterbrochen von Trainertätigkeiten für einige Vertriebsgesellschaften, ist der Autor jetzt seit über 15 Jahren im Verkauf tätig. Er verfeinerte sein Können in der täglichen Anwendung immer weiter und sagt heute von sich selbst, dass er »die Kunden denken hört« und immer genau weiß, wie weit er deren Gedanken positiv in Richtung eines Produktes lenken kann. Mit seiner Verkaufspsychologie erzielt Pfeifer mittlerweile weit überdurchschnittliche Abschlussquoten. Im vorliegenden Buch gibt er sein Wissen und seine Erfahrungen an seine Kollegen im Verkauf weiter.

Kontakt: *stefan.pfeifer@arcor.de*

GABAL TrainerPraxis

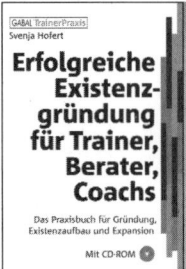